白云鄂博稀土矿在催化方面的应用研究

赵 然 著

本书数字资源

北 京
冶 金 工 业 出 版 社
2023

内 容 提 要

本书以白云鄂博稀土精矿、独居石矿、白云鄂博稀土尾矿分别作为催化剂的材料来源，采用酸浸、球磨和负载过渡金属等方式将矿物材料改性用于催化反应，并利用各种表征手段探究矿物材料的组成及其形貌特征与催化性能的关系。全书分为3篇，前2篇主要讲述稀土精矿和独居石矿物在 NH_3-SCR 方面的应用，第3篇阐述白云鄂博尾矿在甲烷催化燃烧方面的应用，涉及固体废物循环利用。本书主要从原始矿物到尾矿固废的循环利用，较详细地研究了白云鄂博稀土矿在催化方面的应用，将矿物经过较简单的工艺流程加工成高附加值的催化剂，具有重要的经济意义和社会意义。

本书可供稀土催化机理研究的学者和从事催化剂生产的工程技术人员参考，也可作为高等院校相关专业师生用书。

图书在版编目(CIP)数据

白云鄂博稀土矿在催化方面的应用研究/赵然著.—北京:冶金工业出版社，2023.7

ISBN 978-7-5024-9526-8

Ⅰ.①白… Ⅱ.①赵… Ⅲ.①白云鄂博矿区—稀土金属—稀土元素矿床—催化剂—研究 Ⅳ.①P618.706.226.3

中国国家版本馆CIP数据核字(2023)第100732号

白云鄂博稀土矿在催化方面的应用研究

出版发行 冶金工业出版社　**电　话** (010)64027926

地　址 北京市东城区嵩祝院北巷39号　**邮　编** 100009

网　址 www.mip1953.com　**电子信箱** service@mip1953.com

责任编辑 夏小雪　美术编辑 吕欣童　版式设计 郑小利

责任校对 范天娇　责任印制 窦 唯

三河市双峰印刷装订有限公司印刷

2023年7月第1版，2023年7月第1次印刷

710mm×1000mm 1/16；12印张；196千字；177页

定价 70.00 元

投稿电话 (010)64027932　投稿信箱 tougao@cnmip.com.cn

营销中心电话 (010)64044283

冶金工业出版社天猫旗舰店 yjgycbs.tmall.com

(本书如有印装质量问题，本社营销中心负责退换)

前　言

近年来，在传统催化材料研究的基础上，伴随着矿物材料应用的不断发展，催化材料和矿物材料的研究者们认识到矿物经过处理后可以作为催化剂或者催化剂载体使用。锰矿、稀土矿、铁矿、蒙脱石、高岭土、坡缕石等，在经过一系列物理化学方法处理后可用于制备催化剂且有较好的催化性能。一部分金属氧化物矿物具有较好的氧化还原能力，用来做催化剂的活性组分；而另一部分矿物因其具有一定的特性，如比表面积大、孔隙结构丰富和能提供酸位点等优点，可以用来做催化剂的载体。上述矿物经过长期的地质演变形成特殊的物理结构和存在状态，充分挖掘矿物原有的表面性质、活性位点、价键形态等微观信息，并通过一系列的改性处理方法，可制备出高效绿色的催化产品。

天然自净化作用是污染治理和环境修复最理想的方式，随着人们对矿物结构和化学特性的逐渐认识，人们了解到矿物材料在污染和环境治理方面具有巨大的潜力，越来越多的人开始关注开发和利用天然矿物的环境属性，用天然矿物处理污染物，模拟大自然自净化的过程。

本书以白云鄂博稀土精矿、独居石矿、白云鄂博稀土尾矿分别作为催化剂的材料来源，采用球磨硫酸酸浸、负载过渡金属等方式修饰，使矿物表面的酸性位点增多、酸性增强，SO_4^{2-}的引入对活性组分的结构、氧化还原循环等性能都产生积极影响；机械活化可以使固体内部处于不稳定状态，使颗粒细化产生晶格畸变。经过适当的球磨酸浸处理之后，矿物比表面积增大、孔隙增多并暴露出矿物中被包裹的活性物质，增加反应场所和活性位点。在催化剂中引入过渡金属 Cu、Fe、Mn、Co 等负载修饰矿物，旨在提高催化剂的活性和选择性、拓宽温度窗口，研发具有优良的抗水抗硫性能的催化剂。基于以上分析，本书的主要内容包括稀土精矿的酸化及其负载金属化合物的 NH_3-SCR 性能研究、独居石精矿表面修饰及其 NH_3-SCR 催化性能研究、稀土尾矿基催化剂的制备及其对低浓度甲烷催化性能的研究三部分。

稀土精矿的酸化及其负载金属化合物的 NH_3-SCR 性能研究部分主要讲述稀土精矿在硫酸化的基础上，过渡金属 Fe 和过渡金属 Cu、Fe 双金属联合负载修饰矿物，相比稀土精矿原矿的 NO_x 脱硝率提高了 77%，并且脱硝温度向低温区移动且温度窗口拓宽。通过球磨硫酸酸化改性稀土精矿并负载 Cu、Fe 双金属制备一种新的脱硝催化剂。与纯物质催化剂相比，该矿物催化剂活性组分更丰富且制备工艺简单。并对催化剂制备参数条件进行了优化，为白云鄂博稀土矿物制备低温高效的新型脱硝催化剂提供了理论基础。

独居石精矿表面修饰及其 NH_3-SCR 催化性能研究部分主要讲述采用浸渍法分别制备的 Mo、Fe 和 Mn 修饰独居石复合催化剂，独居石表面引入 Mn 后，最佳活性温度向低温移动，在 200℃ 时，活性从 22.5% 提高到 65%，低温段活性提高明显。修饰后催化剂比表面积增大，为烟气中 NO 和还原剂 NH_3 在样品表面的吸附和活化提供更广阔的反应空间。修饰金属氧化物均匀分散在独居石表面，形成了 Ce^{3+}/Ce^{4+} 分别同 Mo^{5+}/Mo^{6+}、Fe^{2+}/Fe^{3+} 和 Mn^{3+}/Mn^{4+} 共存的状态，提高了催化材料的氧化还原能力，有利于独居石表面活性位点的增多。催化剂的还原能力、表面活性氧物种、缺陷和酸性强度的增加是 Mn 修饰独居石精矿催化剂脱硝温度窗口拓宽的原因。Mo、Fe 和 Mn 分别修饰独居石复合催化剂脱硝反应遵循两种反应机理。Mo 修饰独居石，在高温段，催化剂遵循 E-R 机理。催化剂表面同时存在 NH_3 在 Lewis 酸和 Brønsted 酸性吸附，在低温段同时存在 E-R 和 L-H 机理，高温段以 L-H 反应机理为主。Mn 修饰独居石，在高温下，NH_3 在 Lewis 酸性位点的吸附占据活性位点。桥式、单齿和双齿硝酸盐为 NO 吸附反应物种。L-H 机理主要发生在低温段，E-R 机理主要发生在高温段。

稀土尾矿基催化剂的制备及其对低浓度甲烷催化性能的研究部分主要讲述以白云鄂博稀土尾矿为主要原料制备稀土尾矿基催化剂（焙烧处理的尾矿基催化剂、尾矿基多孔陶瓷整体式催化剂）并对低浓度甲烷进行催化燃烧实验。稀土尾矿在600℃焙烧后具有良好的催化性能，其 T_{10}、T_{90} 分别为495℃、676℃。研究表明，尾矿经焙烧后表面粗糙程度增加，从而使反应气体与活性物质接触更加充分，且部分矿物发生分解生成利于催化的活性物质。

采用有机泡沫浸渍法制备稀土尾矿基泡沫陶瓷，将经过预处理的聚氨酯海绵浸于陶瓷浆料中，待海绵饱和后取出采用玻璃片挤压法排出海绵内多余浆料，重复多次后于干燥箱中干燥制得陶瓷预制块，最后经马弗炉950℃烧结制得稀土尾矿基泡沫陶瓷。经计算，其孔隙率为85.7%，抗压强度为2.9MPa。通过活性评价装置检测，稀土尾矿基泡沫陶瓷的低浓度甲烷催化性能较差，反应温度为800℃时，甲烷转化率仅为63.8%。通过在稀土尾矿基泡沫陶瓷中添加烧结助剂 B_2O_3 降低陶瓷的烧结温度，从而提高陶瓷催化剂的催化性能，研究 B_2O_3 添加量对尾矿陶瓷催化剂的性能影响。最终确定尾矿陶瓷浆料的最佳配方。

本书的出版得到了内蒙古自治区碳中和协同创新中心（内蒙古科技大学）和2022年度内蒙古自治区直属高校基本科研业务费项目资助。

本书在撰写过程中，参考了有关文献资料，在此向文献资料的作者表示感谢。

由于作者水平所限，书中不妥之处，敬请读者批评指正。

作 者

2023年3月

目　录

第1篇　稀土精矿的酸化及其负载金属化合物的 NH_3-SCR 性能研究

1　绪论 …… 1

1.1　NO_x的危害及 NH_3-SCR 概述 …… 1

1.1.1　NO_x的危害 …… 1

1.1.2　NO_x的控制技术 …… 2

1.1.3　NH_3-SCR 反应机理研究进展 …… 3

1.2　NH_3-SCR 脱硝催化剂的研究现状 …… 4

1.2.1　钸基催化剂 …… 4

1.2.2　铁基 NH_3-SCR 催化剂 …… 5

1.2.3　锰基 NH_3-SCR 催化剂 …… 6

1.2.4　复合金属氧化物 NH_3-SCR 催化剂 …… 6

1.3　天然矿物 NH_3-SCR 脱硝催化剂研究 …… 7

1.3.1　锰矿在催化脱硝方面的应用 …… 7

1.3.2　铁矿物在催化脱硝方面的应用 …… 8

1.3.3　稀土尾矿在催化脱硝方面的应用 …… 9

1.4　SCR 催化剂的修饰与设计 …… 11

1.4.1　酸改性催化剂在 NH_3-SCR 中的研究 …… 12

1.4.2　球磨改性催化剂在 NH_3-SCR 中的研究 …… 14

1.5　白云鄂博稀土矿脱硝可行性分析 …… 14

2　实验材料与表征手段 …… 17

2.1　稀土精矿概述 …… 17

2.1.1　白云鄂博稀土精矿的组成 …… 17

2.1.2　白云鄂博稀土精矿元素分析 …… 17
2.1.3　稀土精矿的热重和物相结构分析 …… 18
2.1.4　技术路线 …… 19
2.2　实验仪器设备及化学试剂 …… 20
2.3　催化剂的活性测试 …… 22
2.4　原位漫反射傅里叶变换红外光谱实验 …… 23
2.4.1　催化剂表面 $NH_3/NO+O_2$ 的吸附 …… 23
2.4.2　催化剂表面 $NH_3/NO+O_2$ 的热稳定性 …… 24
2.4.3　瞬态 DRIFTS 实验 …… 24

3　稀土精矿的酸化及 NH_3-SCR 性能研究 …… 26

3.1　催化剂的制备 …… 26
3.2　酸化对稀土精矿脱硝性能的影响 …… 27
3.3　酸化稀土精矿的物理化学性质 …… 28
3.3.1　酸化稀土精矿的表面晶相分析 …… 28
3.3.2　酸化稀土精矿的表面形貌及能谱 …… 30
3.3.3　酸化稀土精矿的比表面积及孔径 …… 31
3.3.4　酸化稀土精矿的表面氧化还原性能 …… 33
3.3.5　酸化稀土精矿的表面吸附性能 …… 34
3.3.6　酸化稀土精矿的元素 XPS 分析 …… 35
3.4　本章小结 …… 37

4　Fe 修饰酸改性稀土精矿催化剂的 NH_3-SCR 性能研究 …… 39

4.1　催化剂的制备 …… 39
4.2　Fe 修饰酸改性稀土精矿催化剂的活性评价 …… 39
4.3　Fe 修饰酸改性稀土精矿催化剂的物理化学性质 …… 41
4.3.1　催化剂的表面晶相分析 …… 41
4.3.2　催化剂的表面形貌及能谱 …… 41
4.3.3　催化剂的比表面积及孔径 …… 43
4.3.4　催化剂的表面氧化还原特性分析 …… 45
4.3.5　催化剂的 XPS 分析 …… 45

4.4　本章小结 …… 48

5　Cu-Fe 修饰酸改性稀土精矿催化剂的 NH_3-SCR 性能研究 …… 49

5.1　催化剂的制备 …… 49
5.2　催化剂的活性评价 …… 49
5.3　Cu-Fe 修饰酸改性稀土精矿催化剂的物理化学性质 …… 51
5.3.1　催化剂的物相结构分析 …… 51
5.3.2　催化剂的表面形貌及能谱 …… 52
5.3.3　催化剂的比表面积及孔径 …… 53
5.3.4　催化剂表面氧化还原性能分析 …… 55
5.3.5　催化剂的表面元素价态分析 …… 56
5.4　本章小结 …… 58

第2篇　独居石精矿表面修饰及其 NH_3-SCR 催化性能研究

6　研究背景及意义 …… 59

6.1　白云鄂博独居石矿概述 …… 59
6.2　研究意义及技术路线 …… 61
6.2.1　研究意义 …… 61
6.2.2　技术路线 …… 62

7　Mo 修饰独居石催化剂 NH_3-SCR 脱硝性能研究 …… 63

7.1　催化剂的制备 …… 63
7.2　Mo 修饰独居石精矿催化剂的脱硝活性评价 …… 63
7.3　Mo 修饰独居石精矿催化剂的物理化学性质 …… 65
7.3.1　表面形貌分析 …… 65
7.3.2　表面孔隙结构分析 …… 66
7.3.3　氧化还原特性分析 …… 67
7.3.4　NH_3 吸附特性分析 …… 68
7.3.5　表面元素价态分析 …… 69
7.4　催化剂的脱硝机理研究 …… 72

7.4.1 催化剂表面 $NH_3/NO+O_2$ 的吸附 …… 72
7.4.2 催化剂表面 $NH_3/NO+O_2$ 的热稳定性 …… 74
7.4.3 催化剂瞬态 DRIFTS 反应 …… 76
7.5 本章小结 …… 78

8 Fe 修饰独居石催化剂 NH_3-SCR 脱硝性能研究 …… 79

8.1 催化剂的制备 …… 79
8.2 Fe 修饰独居石精矿催化剂的脱硝活性评价 …… 79
8.3 Fe 修饰独居石精矿催化剂的物理化学性质 …… 80
8.3.1 物相及晶相分析 …… 80
8.3.2 表面形貌分析 …… 81
8.3.3 表面孔隙结构分析 …… 82
8.3.4 氧化还原特性分析 …… 83
8.3.5 NH_3 吸附特性分析 …… 84
8.3.6 表面元素价态分析 …… 86
8.4 催化剂的脱硝机理研究 …… 89
8.4.1 催化剂表面 $NH_3/NO+O_2$ 的吸附 …… 89
8.4.2 催化剂表面 $NH_3/NO+O_2$ 的热稳定性 …… 90
8.4.3 催化剂瞬态 DRIFTS 反应 …… 92
8.5 本章小结 …… 94

9 Mn 修饰独居石催化剂 NH_3-SCR 脱硝性能研究 …… 96

9.1 催化剂的制备 …… 96
9.2 Mn 修饰独居石精矿催化剂的脱硝活性评价 …… 96
9.3 Mn 修饰独居石精矿催化剂的物理化学性质 …… 97
9.3.1 物相及晶相分析 …… 97
9.3.2 表面形貌分析 …… 98
9.3.3 表面孔隙结构分析 …… 100
9.3.4 氧化还原特性分析 …… 100
9.3.5 NH_3 吸附特性分析 …… 101
9.3.6 表面元素价态分析 …… 103

9.4 催化剂的脱硝机理研究 …… 105
9.4.1 催化剂表面 $NH_3/NO+O_2$ 的吸附 …… 105
9.4.2 催化剂表面 $NH_3/NO+O_2$ 的热稳定性 …… 107
9.4.3 催化剂瞬态 DRIFTS 反应 …… 109
9.4.4 反应机理分析 …… 111
9.5 本章小结 …… 112

第3篇 稀土尾矿基催化剂的制备及其对低浓度甲烷催化性能的研究

10 研究背景及意义 …… 113
10.1 煤层气危害 …… 113
10.2 尾矿资源回收利用 …… 113
10.3 甲烷控制技术 …… 114
10.4 甲烷燃烧催化剂的国内外研究现状 …… 114
10.4.1 整体式催化剂 …… 114
10.4.2 整体式催化剂的载体 …… 117
10.4.3 白云鄂博稀土尾矿在催化方面的应用 …… 118
10.4.4 固体废弃物的利用 …… 119
10.5 技术路线 …… 121

11 尾矿粉末催化剂的制备及性能研究 …… 123
11.1 实验部分 …… 123
11.1.1 实验材料 …… 123
11.1.2 催化活性装置及方法 …… 124
11.2 稀土尾矿的热重质谱分析 …… 125
11.3 催化剂的制备及实验工况 …… 126
11.4 尾矿催化剂活性 …… 127
11.4.1 反应体积空速对催化效率的影响 …… 127
11.4.2 尾矿焙烧温度对催化性能的影响 …… 128
11.5 尾矿粉末催化剂的表征结果及分析 …… 129
11.5.1 尾矿催化剂的 XRD 表征 …… 129

11.5.2　尾矿催化剂的 SEM 表征 …… 130
11.5.3　尾矿催化剂的 XPS 表征 …… 131
11.5.4　催化剂的氧化还原特性和稳定性 …… 134
11.6　本章小结 …… 136

12　稀土尾矿泡沫陶瓷的制备及表征 …… 137

12.1　稀土尾矿和聚氨酯的热重分析 …… 137
12.2　尾矿陶瓷的制备 …… 138
12.2.1　有机泡沫的选择 …… 138
12.2.2　有机泡沫载体的预处理 …… 139
12.2.3　浆料的配制 …… 140
12.2.4　尾矿陶瓷预制块的制备 …… 140
12.2.5　稀土尾矿陶瓷的无压烧结 …… 141
12.3　泡沫陶瓷的物理性能 …… 142
12.3.1　孔隙率 …… 142
12.3.2　抗压强度 …… 143
12.4　尾矿陶瓷催化性能 …… 143
12.4.1　添加烧结助剂 B_2O_3 的泡沫陶瓷的组织与性能 …… 144
12.4.2　尾矿陶瓷催化性能及稳定性 …… 145
12.4.3　烧结助剂添加量对泡沫陶瓷物理性能的影响 …… 147
12.5　尾矿陶瓷的表征结果及分析 …… 147
12.5.1　XRF 和 XRD 表征分析 …… 147
12.5.2　SEM 表征分析 …… 148
12.6　本章小结 …… 150

13　稀土尾矿基整体催化剂的制备及其对低浓度甲烷催化燃烧性能 …… 152

13.1　催化剂的制备 …… 152
13.2　催化剂的物相结构和表面性质 …… 153
13.2.1　XRD 分析 …… 153
13.2.2　BET 分析 …… 154
13.2.3　形貌及表面元素分析 …… 155

13.3　催化活性和反应活化能分析 …… 156
13.4　氧化还原性能分析 …… 158
13.5　XPS 分析 …… 159
13.6　本章小结 …… 162

参考文献 …… 163

第1篇　稀土精矿的酸化及其负载金属化合物的 NH_3-SCR 性能研究

1　绪　　论

1.1　NO_x的危害及 NH_3-SCR 概述

1.1.1　NO_x的危害

近年来，全球气温持续升高，温室效应不断扩大，大气污染问题依然严重，其中氮氧化物和煤层气的排放量仍在增加，已经成为全球性问题。如图1-1所示为我国近几年 NO_x 和 SO_2 的排放情况[1]，氮氧化物排放量仍然较大且下降速度缓慢，导致酸雨问题依然严峻[2]。对比污染物普查数据可以发现，我国的 NO_x、SO_2 等污染物减排仍需继续努力。煤等化石燃料所产生的 NO_x，对环境产生污染的主要是 NO 和 NO_2，其中 NO 占 NO_x 总量的 90%以上，其他 NO_x 仅占 5%～10%[3]。一般情况下，NO_x 污染的危害主要表现为产生光化学烟雾、对周围植被的伤害和造成酸雨等。氮氧化物在阳光照射下容易分解，并与空气中的部分化合物发生反应产生光化学烟雾，会直接降低周围环境可见度，造成出行安全问题，还会造成叶脉损害从而毒害植物；NO_x 具有刺激性气味，会损伤人体的呼吸系统，加重人体内的氧化反应，并与体液产生亚硝酸类物质，对神经系统造成影响。总之，NO_x 污染问题给社会民生、大气环境和人体健康都带来了严重的破坏，消除与治理氮氧化物的重要性不言而喻。实践表明，最有效的 NO_x 控制手段是催化脱硝[4]，从目前的技术成本和适用范围考虑，以氨气为脱硝剂的选择性催化还原（NH_3-SCR）是

使用最成熟可靠的 NO_x 后控制技术，而催化剂是 NH_3-SCR 反应中的核心[5]。在燃煤过程中会产生大量的 NO_x，且中国是工业排放氮氧化物含量相对较多的发展中国家[2]，因此开发适应我国烟气脱硝的环境友好型催化剂具有现实的环境、经济和重要的社会意义。

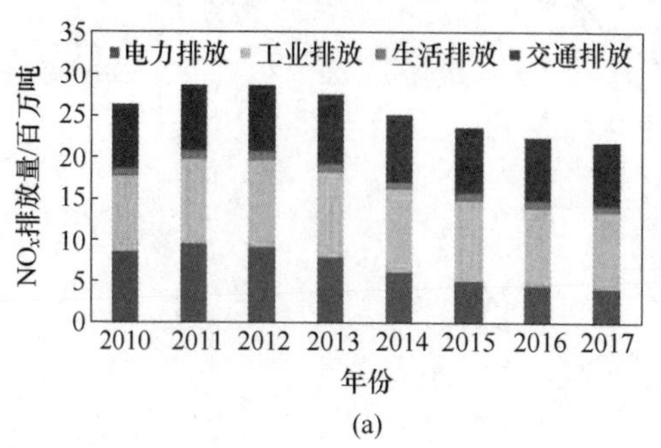

(a)

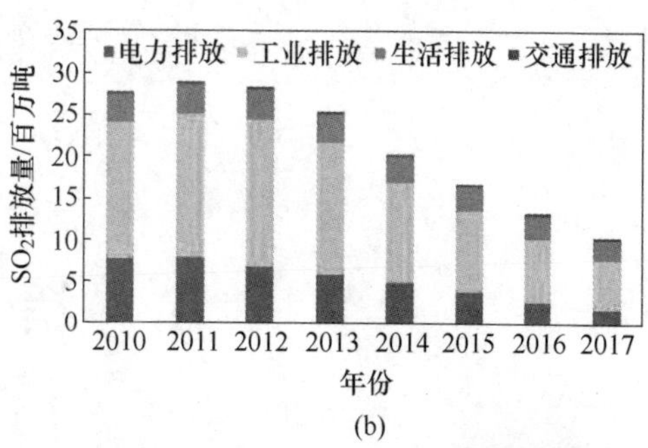

(b)

图 1-1 中国近几年 NO_x 和 SO_2 排放情况

(a) NO_x；(b) SO_2

图 1-1 彩图

1.1.2 NO_x 的控制技术

当前，氮氧化物的脱硝控制手段主要分为以下 3 种：(1) 直接采用天然气、页岩气等氮含量较小的燃料代替煤炭、原油等化石燃料改变燃料来源称为燃烧的前处理；(2) 改进燃烧方式，指在燃煤过程中使用循环流化床技术、空气分级燃烧等技术抑制 NO_x 生成；(3) 燃烧后处理的烟气处理技术，包括选择性催化氧化法 (SCO)、选择性非催化还原法 (SNCR) 和选择性催化还原法 (SCR) 等将 NO_x 变成对大气无污染的 N_2 和 H_2O[4]。

选择性催化氧化法 (SCO) 是在高温高烟尘浓度的环境下，对 NO_x 进行消除的一种技术。NO 很难被碱液吸收，该技术是利用工业生产锅炉内过剩的 O_2 作为氧化剂，在催化剂内部作用条件下，对 NO 进行氧化并转化为 NO_2，而 NO_2 酸性较强，可以进行吸收去除，从而达到 NO_x 净化的基本目的[4]。

选择性非催化还原法 (SNCR) 的发展较早，应用相对广泛。这种方法不使用催化剂，将待反应的所有物质放置于高温炉膛 (850~1100℃)，把尿素、氨水等具有 NH_x 基团的化学物质作为还原剂注入高温炉膛内，NO_x 被还原为对自然界无危害的 N_2 或 H_2O[3]，但效率低下，一般只有 30%~40% 的

NO_x转化率。

选择性催化还原法（SCR）是当下使用最多且成熟的烟气脱硝技术，能使氮氧化物的实际脱硝率高达90%以上[5]，其技术成熟运行可靠且二次污染较小。目前，以NH_3-SCR技术最成熟，利用氨气还原NO_x，生成对大自然无害的N_2和H_2O等物质，其原理方程式如下：

$$4NO + 4NH_3 + O_2 \longrightarrow 4N_2 + 6H_2O \tag{1-1}$$

$$2NO_2 + 4NH_3 + O_2 \longrightarrow 3N_2 + 6H_2O \tag{1-2}$$

其中以式（1-1）为主，烟气中NO占NO_x总量的95%以上，如果不使用催化剂，上述化学反应的活化窗口很窄。而在NH_3与NO之比为1∶1并使用恰当的催化剂的条件下，在200~450℃可以得到80%~90%的脱硝效率[2]。在上述反应中，NH_3一般优先和NO_x反应，生成N_2和H_2O，同时不被O_2所氧化，因此被称为具有“选择性”。图1-2（a）是NH_3-SCR脱硝反应原理示意图。NH_3-SCR技术的关键是具有催化效率高且性能稳定的催化剂，因此，研发绿色、经济和性能优良的催化剂成为当下的研究热点。

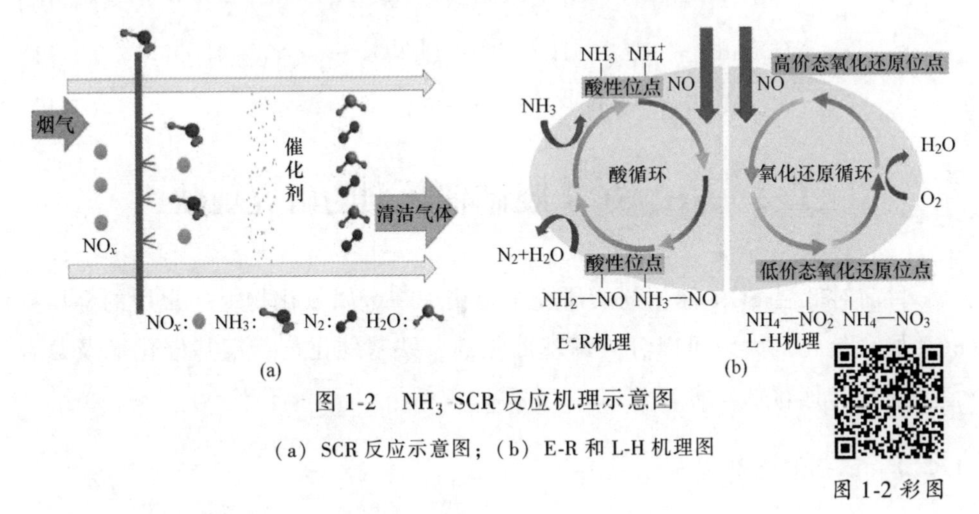

图1-2 NH_3 SCR反应机理示意图

（a）SCR反应示意图；（b）E-R和L-H机理图

图1-2彩图

1.1.3 NH_3-SCR反应机理研究进展

NH_3-SCR技术的反应过程相对复杂。目前，普遍认可的反应机理有Eley-Rideal（E-R）和Langmuir-Hinshelwood（L-H）两种机理，图1-2（b）是NH_3-SCR反应的两种机理示意图[6]。通常认为E-R机理主要有NH_3在催化剂表面Brønsted酸和Lewis酸性位点上的活化和与气态NO反应的过程。NH_3在Brønsted酸性位点的吸附物种为NH_4^+，在Lewis酸性位点与金属原子M配位形成$NH_3(ad)$，继而脱氢形成—NH_2，然后再与气态NO反应生成中间体NH_2NO，最后生成N_2和H_2O，反应过程如下：

$$NH_3(g) \rightleftharpoons NH_3(ad) \tag{1-3}$$

$$NH_3(ad) + —M^{n+} \longrightarrow NH_2 + —M^{(n-1)+} + H^+ \tag{1-4}$$

$$—NH_2 + NO(g) \longrightarrow NH_2NO \longrightarrow N_2 + H_2O \tag{1-5}$$

$$—M^{(n-1)+} + 1/4O_2 \longrightarrow M^{n+} + 1/2—O^{2-} \tag{1-6}$$

L-H机理主要是NH_3和NO均吸附在催化剂表面活性位点上，NO被氧化形成吸附态的NO_2，继而在催化剂表面生成硝酸盐或亚硝酸盐等物种，然后与吸附态的NH_3组分在催化剂表面的相互作用发生反应最终分解为N_2和H_2O，反应过程如下：

$$NO(g) \rightleftharpoons NO(ad) \tag{1-7}$$

$$NH_3(g) \rightleftharpoons NH_3(ad) \tag{1-8}$$

$$—M^{n+} + —O^{2-} + NO(ad) \longrightarrow —M^{(n-1)+} + NO_2^- \tag{1-9}$$

$$NH_3(ad) + —M^{n+} \longrightarrow NH_2 + —M^{(n-1)+} + H^+ \tag{1-10}$$

$$NH_3(ad) + NO_2^- + H^+ \longrightarrow NH_4NO_2 \longrightarrow N_2 + H_2O \tag{1-11}$$

$$—M^{(n-1)+} + 1/4O_2 \longrightarrow —M^{n+} + 1/2—O^{2-} \tag{1-12}$$

1.2 NH_3-SCR脱硝催化剂的研究现状

目前对低温SCR催化剂的研究主要集中在金属氧化物上，常用的金属基SCR脱硝催化剂大致可以分为铈基催化剂、铁基催化剂、锰基催化剂及复合金属氧化物催化剂4种。

1.2.1 铈基催化剂

稀土元素在催化领域的良好性能逐渐被人们所熟知，研究者们由最初的利用铈基分析纯制备催化剂，发展到现在使用含铈或其他稀土类元素的矿物制备催化剂，整体趋势向着绿色环保方向发展。例如孟[7]等以富含Ce氧化物的稀土精矿为催化材料的载体，采用硝酸铁溶液浸渍、球磨、高能球磨、微波焙烧获得一系列矿物催化材料。经过系列处理后，稀土矿物中的复合氧化物$FeCeO_x$出现，并且在矿物颗粒表面产生大量裂纹，增加比表面积及活性位点的同时，暴露出更多的氧空位，更有利于氧传递。

以分析纯为材料制备铈基催化剂的诸多研究表明，Ce^{3+}的相对含量可以影响催化剂表面的电荷平衡性以及氧空位和不饱和化学键的形成，促进 NO 向 NO_2 的转化[8-9]；铈元素的引入同样能够提高催化剂的氧化还原性能及活性硝酸盐物种和氨物种的转化，铈元素的掺杂有利于 NH_3 和 NO 在催化剂表面转化为活性中间体，促进低温 NH_3-SCR 的反应机制[10]。另外，从反面亦可说明催化机制与 NO 和 NH_3 的吸脱附即酸性位点酸性能力的强弱有关。肖[11]等利用浸渍法制备了 $Fe_{0.1}Ce_{0.07}Mn_{0.4}/TiO_2$ 催化剂，研究其催化性能和中毒前后催化剂机理的变化，结果表明铈元素改性后的催化剂表面颗粒均匀、疏松多孔，且对比红外分析结果显示铈元素的改性提高了催化剂表面的 Lewis 酸性位点的数量，进而提高了 Lewis 酸性位点表面对 NO 的吸收和转化；相反毒化后的催化剂表面 Lewis 酸性位点的酸性大大减弱，制约了催化剂表面对 NO 的吸附，阻碍了催化效应的发生过程。Li[12]等采用溶胶-凝胶法制备了一系列 $CeMnO_x/TiO_2$ 催化剂，研究了铈元素掺杂后的催化性能，从结果分析中发现，铈元素的掺杂有效提高了 MnO_x/TiO_2 催化剂的催化活性，铈元素的掺杂能够有效减少催化剂表面铵盐的生成，减少 MnO_x 在实际烟气中的硫化，另外在催化机制方面，原位傅里叶红外光谱的结果表明铈元素的掺杂促进了催化剂表面对 NH_3 的吸附，进而提高了氨物种的活化和转化，SCR 反应遵循 E-R 机理。

综上所述，稀土铈元素通过在催化剂表面形成电荷的不平衡和更多的氧空位来帮助催化剂提高氧化还原能力，而且表面酸性位点的差异和数量的多少也是影响催化剂催化作用机制的关键因素，三价铈和四价铈的相对含量是促进 NO 转化为 NO_2 的关键，是催化脱硝机理发生的关键。

1.2.2 铁基 NH_3-SCR 催化剂

在催化剂的研究过程中，活性组分占据了很大一部分比重，诸多研究表明以适当活性组分负载在催化剂表面，在提高催化剂氧化还原性能和酸性位点的同时，可以很大程度改善催化剂的脱硝效率。例如 Pan[13]等研究了 Fe-ZSM-5 的形态-性能关系，在 Fe 含量（质量分数）为 1.0%时，催化过程极易生成亚硝酸盐物质，原位红外研究显示“L-H”和“E-R”途径可以在

SCR 反应中同时存在。在 Liu[14] 等制备的 Fe-SSZ-13 催化剂中，在一定焙烧温度下存在游离态的 Fe^{3+} 的轻微聚集，更容易提高高温活性，在一定反应温度下的 Lewis 酸性位点和活性位点表现突出，促进脱硝机制的进行。

1.2.3 锰基 NH_3-SCR 催化剂

Jiang[15] 等制备了一系列 Mn/TiO_2 催化剂，当在 Mn(0.5)/TiO_2 催化剂中掺入 0.05 摩尔分数的 Fe 时，脱硝效率相比 Mn(0.5)/TiO_2 在 120~180℃ 温度区间内增加了约 10%。原因是 Mn(0.5)/TiO_2 自身的结晶度低、比表面积高、氧化还原能力高，虽然 Fe 掺杂显著降低了催化剂的比表面积，但也降低了催化剂的结晶度和晶体尺寸，从而增加了催化剂表面氧的浓度。Fe(0.05)-Mn(0.5)/TiO_2 的氧化还原能力高于其他催化剂，相对 Mn(0.5)/TiO_2，Fe(0.05)-Mn(0.5)/TiO_2 对 NO 和 NH_3 的吸附量低，但 Fe(0.05)-Mn(0.5)/TiO_2 的中间体，特别是硝酸盐，容易被激活参与反应，从而提高催化活性。Mu[16] 等从 ZSM-5 表面负载 Fe、Mn 发现，Mn^{4+}/Mn^{3+} 和 Fe^{3+}/Fe^{2+} 的占比对氧化中间体的形成具有一定影响作用，文献中提出两个电子转移的概念，多功能电子桥速率（RMETB）和多功能电子桥方向（DMETB），二者分别对氮氧化物中间体的生成和类型起着至关重要的作用，基于微观铁离子和锰离子之间产生的协同效应，促进了单齿硝酸盐和桥式硝酸盐的生成，抑制了双齿硝酸盐的生成，证明了 L-H 机理和催化性能；从中可以发现活性组分的添加仍然是以提高氧化还原性能和酸性位点[17-18] 来促进脱硝机制的进行。

1.2.4 复合金属氧化物 NH_3-SCR 催化剂

黄秀兵[19] 等采用草酸共沉淀法制备 Mn-Fe-O 催化材料，并对其进行不同含量 CeO_2 修饰，用于低温 NH_3-SCR 脱硝催化反应。催化结果表明在相同反应条件下，适量 CeO_2 修饰后的 Mn-Fe-O 样品比纯 Mn-Fe-O 表现出更优异的 NH_3-SCR 脱硝催化性能，在 80℃ 时 NO 转化率在 95% 以上，且具有较高的 N_2 选择性。CeO_2 修饰提高了 Mn-Fe-O 氧化物表面的 Fe^{3+}、Mn^{3+} 和 Mn^{4+} 含量及表面酸性位点数量，从而有助于 NH_3 的吸附及催化反应的进行，并且 Fe^{2+}/Fe^{3+}、Mn^{2+}/Mn^{3+}/Mn^{4+} 以及 Ce^{3+}/Ce^{4+} 之间的相互氧化还原反应提高了催化剂的氧化还原能力及稳定性。

白云鄂博稀土矿产丰富，但是矿物中元素提纯的技术受限，稀土矿物回收利用难度较大。白云鄂博稀土矿富含（质量分数）La、Ce、Fe、Mn 等金属元素（La_2O_3 26%、Ce_2O_3 50%、Fe_2O_3 17%、MnO_2 3%）和少量过渡金属元素，并且具备天然矿石结构，但是天然矿石中的元素存在形式多样限制了其催化性能。从结构上分析天然稀土矿物，其中含有较稳定的 SiO_2 和 CaF_2，为其提供了良好的天然结构。从成分上分析天然稀土矿物，其中含有多种稀土元素及过渡金属元素，存在复杂的嵌布和包裹结构，正是由于这种结构，金属元素之间存在着协同作用，但由于其部分元素含量较少限制了催化活性。因此，本书利用硫酸对稀土精矿表面进行修饰，增大其比表面积，为过渡金属修饰提供空间，人为地使其表面形成多金属元素固溶体，制备出一种绿色高效的稀土矿物催化剂活性粉体。

1.3 天然矿物 NH_3-SCR 脱硝催化剂研究

近年来，在传统催化材料的研究基础上，伴随着矿物材料应用的不断发展，催化材料和矿物材料的研究者们认识到矿物经过处理后可以作为催化剂或者催化剂载体使用。锰矿、稀土矿、铁矿、蒙脱石、高岭土、坡缕石等，在经过一系列物理化学方法处理后可用于制备催化剂且有较好的催化性能。一部分金属氧化物矿物具有较好的氧化还原能力，用来做催化剂的活性组分；而另一部分矿物因其具有一定的特性，如比表面积大、孔隙结构丰富和能提供酸性位点等优点，可以用来做催化剂的载体。上述矿物经过长期的地质演变形成特殊的物理结构和存在状态，充分挖掘矿物原有的表面性质、活性位点、价键形态等微观信息，并通过一系列的改性处理方法，可制备出高效绿色的催化产品。

1.3.1 锰矿在催化脱硝方面的应用

锰氧化物催化剂在低温段有较高催化氧化还原活性，具有高浓度的表面晶格氧，但是锰氧化物催化剂易受到 H_2O、SO_2 及碱金属的影响。如图 1-3 所示，研究者们通过改性掺杂其他活性金属或直接使用天然锰矿作为催化剂而大幅度提升催化剂本身性能的同时，也可以降低 H_2O、SO_2 和碱金属对催化剂的影响。

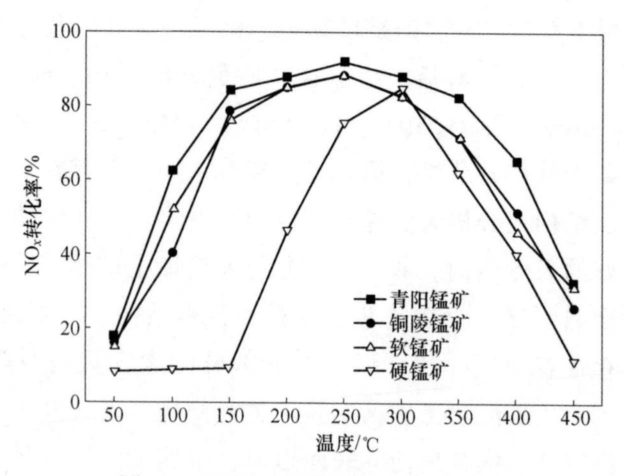

图 1-3 不同天然锰矿的 NO_x 转化率

Wang[20] 等发现安徽省庆阳市的天然锰矿具有良好低温催化活性和 N_2 选择性，在150~300℃时的 NO 转化率超过85%。分别加入 H_2O 或 SO_2 会抑制催化活性，但切断 SO_2 时可以恢复活性。与单独添加 SO_2 相比，同时添加 H_2O 和 SO_2 可提高 SCR 活性。通过表征发现非晶态 MnO_x 的形成，高浓度晶格氧和表面吸附的氧基团以及诸多可还原物种是天然锰矿催化剂表现出优异的 SCR 性能的原因。Zhu[21] 等选择硝酸钾（KNO_3）作为前驱体，使用浸渍法制备钾中毒的天然锰矿石催化剂，发现天然锰矿石催化剂具有优异的抗碱性性能和低温脱硝性能；通过表征发现在促进和抑制 NO_x 转化之间存在竞争机制，这两种作用的结合导致天然锰矿石表现出优异的耐碱性。首先，中毒的催化剂比新鲜的催化剂吸附 NH_3 的能力强（更多的酸性位），这对 NO_x 转换有利。其次，钾中毒催化剂的比表面积较小，Fe^{3+}、Mn^{4+}、O_α 的浓度较低，从而抑制 NO_x 转化。利用锰矿制备的脱硝催化剂与 Mn 基催化剂一样具有良好的低温脱硝活性。但是锰矿形成过程经历了高温高压和长久的地质作用，使得其结构稳定、晶型发育完善，说明了其有足够的稳定性、抗硫性、抗水性和耐碱性，但同时也表明必须经过一系列的活化处理（如球磨、酸洗和焙烧等），锰矿才能用于催化剂的制备。

1.3.2 铁矿物在催化脱硝方面的应用

铁氧化物具有较好的氧化能力，而且铁的氧化物在中高温具有较好的脱

硝活性和 N_2 选择性，以及较好的抗硫性和机械强度。因此有研究者直接以铁矿石为原料制备脱硝催化剂，并通过加热处理、掺杂过渡金属元素、微波改性等方法来改变催化剂的活性温度窗口和提高脱硝性能。李骞[22]通过热处理含锰天然菱铁矿制备了铁锰复合型金属氧化物催化剂。如图 1-4 所示，热处理后的天然菱铁矿具有发达的纳米多孔结构、大比表面积、丰富的表面酸性位点、活性组分和吸附态氧等特点。热处理温度为 500℃时，催化剂在 200~400℃内的脱硝效率可达 100%，同时 N_2 选择性在 69%以上。刘祥祥[23]以菱铁矿粉末为研究对象，运用混合法制备了压片成型和窝状成型的改性菱铁矿 SCR 脱硝催化剂。对于压片成型菱铁矿催化剂，Mn 和 Ce 的掺杂均能提高催化剂的比表面积、降低结晶度、增强表面酸性，且有利于低温脱硝；Mn 与 Ce 共掺杂时，Mn、Ce 间的协同作用能提高催化剂的脱硝性能，Mn 和 Ce 的掺杂量分别为 3%和 1%时效果最好，脱硝率可达到 90%以上且温度窗口较宽。对于蜂窝状成型催化剂，煅烧温度为 450~550℃时，对脱硝效率影响较小；掺杂 Mn 能提高催化剂的低温活性；使用硝酸锰做前驱体溶液具有溶解度高、易热解的优点。卢慧霞[24]以菱/锰铁矿石作为研究对象，运用煅烧、掺杂 Ce 元素、微波改性等手段制备 SCR 脱硝催化剂。菱铁矿和锰铁矿煅烧温度为 450℃时的主要产物分别为 γ-Fe_2O_3 和 Mn_2O_3，550℃及以上煅烧温度时的主要产物分别为 α-Fe_2O_3 和 MnO_2。菱铁矿掺杂 Ce 提高了催化剂的比表面积，使结构趋于无序，增强了表面酸性，抑制了 α-Fe_2O_3 结晶，

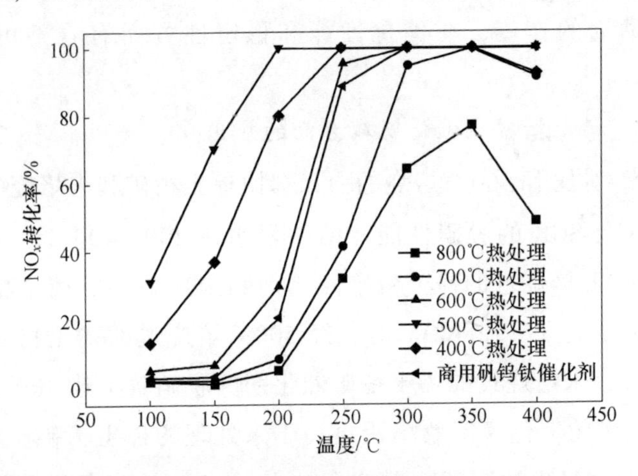

图 1-4 不同温度热处理天然菱铁矿的 NO_x 转化率

有利于提升催化剂性能。锰铁矿掺杂 Ce 时，Ce 会覆盖活性位，而对催化剂产生抑制作用；随着 Ce 掺杂量的提高，Mn 与 Ce 之间的协同作用加强而抵消部分抑制作用。微波改性可以增大催化剂的比表面积、抑制结晶、改善晶体粒度、增加表面酸性。许夏[25]采用混合搅拌法研究了菱铁矿掺杂 Mn、W 元素对催化剂的活性温度窗口的影响，单独掺杂 $w(Mn)=3\%$ 和 $w(W)=3\%$ 时，催化剂温度窗口分别拓宽至 180～330℃ 和 240～390℃；同时掺杂 $w(Mn)=1\%$ 和 $w(W)=3\%$ 时，催化剂在 210～390℃ 内脱硝效率超过 90%。掺杂后，催化剂的比表面积增大、结晶程度变弱、酸性增强。

1.3.3 稀土尾矿在催化脱硝方面的应用

白云鄂博稀土精矿富含 La、Ce、Pr、Nd 等稀土元素［$w(CeO_2)$ 占 71% 左右，$w(La_2O_3)$ 占 15%左右，$w(Nd_2O_3)$ 占 6%左右，$w(Pr_2O_3)$ 占 5%左右］并伴随少量的过渡金属元素，与诸多 Ce 基脱硝催化剂所含的活性物质相符，但其低温催化活性较弱，表面性质和孔隙结构的改造是提高氟碳铈精矿催化脱硝活性的重要因素。稀土尾矿是稀土矿物在富集选矿过程中的剩余产物，由于技术等原因，尾矿里面仍含有丰富的碱土金属、过渡金属和稀有金属等元素[26]。稀土尾矿堆积量巨大且有用矿物品位较高，是一种存在潜在价值的二次资源。稀土尾矿中同时含有 Fe、稀土元素以及微量的 Mn、Ti、Co 等元素。前者可作为催化剂的主要活性组分，后者则以掺杂的方式进入到催化剂中，起到助剂的作用，在催化性能和稳定性方面有着不可多得的天然优势。

1.3.3.1 稀土精矿在催化脱硝方面的应用

王凯兴[26]对比了 500℃ 焙烧的白云鄂博稀土精矿和未焙烧的白云鄂博稀土精矿用于 NH_3-SCR 的脱硝性能。结果表明在 200～400℃ 范围内，随着温度的升高，500℃ 焙烧过的稀土精矿催化剂和未焙烧过的稀土精矿催化剂的脱硝效率均明显上升。在 400℃ 时，经 500℃ 焙烧过的稀土精矿催化剂的脱硝效率达 47%，未焙烧过的稀土精矿催化剂的脱硝效率达 40%，且 500℃ 焙烧后的稀土精矿的催化脱硝效率明显高于未处理的稀土精矿。Wang[27] 等利用焙烧弱酸-弱碱浸出法对稀土精矿粉进行除杂改性，得到催化剂的活性组分；以拟薄水铝石为载体，通过混合和捏合制备了催化剂，结果表明活性组分中Ce_7O_{12}含量增加且分布均匀，样品晶粒细化、比表面积增大、活性位点增多；Ce以Ce^{3+}和Ce^{4+}的形式存在；Fe以Fe^{3+}和Fe^{2+}的形式存在，Fe^{3+}含量丰富；部分Ce、La、Nd、Pr、Fe、Mn等组分在制备过程中形成固溶体，增加了协同催化效果，反应温度为400℃时催化剂的脱硝率为92.8%。

1.3.3.2 稀土尾矿在催化脱硝方面的应用

朱超[28]研究了白云鄂博稀土尾矿的CO-SCR脱硝性能，考虑了碳氮比、稀土尾矿焙烧方式等因素，结果表明碳氮比为4∶1、温度为900℃时，未焙烧尾矿催化下的NO转化率高达97%；在900℃下，未焙烧稀土尾矿、氧气气氛下焙烧的稀土尾矿和一氧化碳气氛下焙烧的稀土尾矿均达到各自最高脱硝率，分别为97%、78%、98%。李娜[29]以天然白云鄂博稀土尾矿作为脱硝活性组分、拟薄水铝石（γ-Al_2O_3前驱体）为载体，采用混捏法制备用于CO作为还原剂气氛下脱硝反应的催化剂，在反应温度为600℃条件下探究焙烧温度、活性组分与载体质量比、矿料粒径和CO与NO比例等因素对脱硝效率的影响，结果表明在焙烧温度为700℃、活性组分与载体之比为1∶1、矿料粒径为300~400目、CO∶NO为1∶4时的脱硝效率达56.7%。

1.3.3.3 其他矿物在制备催化剂载体方面的应用

马腾坤[30]以Mn和Ce分别作为活性组分和助剂、硅藻土和海泡石分别部分替代锐钛矿型TiO_2为载体，采用分步共混法制备了脱硝催化剂Mn-Ce/TiO_2-X（X代表硅藻土或者海泡石），结果表明硅藻土或者海泡石的替代量为6%时，Mn-Ce催化剂的脱硝活性提高，并且反应温度在90~180℃时，催化剂的脱硝活性顺序为Mn-Ce/TiO_2-硅藻土>Mn-Ce/TiO_2-海泡石>Mn-Ce/TiO_2，因为硅藻土或海泡石部分取代锐钛矿型TiO_2提高了催化剂的比表面积、改善了催化剂的孔结构和表面孔结构形貌，而且使得催化剂中TiO_2的结晶度有一定程度的降低。

1.4 SCR催化剂的修饰与设计

大量研究致力于提升和改善催化剂特性，主要包括催化剂载体改性、催化剂助剂添加或掺杂、制备方法改性等。利用这些方法，可以达到改善催化剂活性、选择性、稳定性以及使用寿命等目的。

1.4.1 酸改性催化剂在 NH_3-SCR 中的研究

适量的酸性和良好的氧化还原性能是制备高质量宽温度窗口 SCR 催化剂的必要条件，近年来有报道称将催化剂酸化后，可显著提高催化剂的表面氧物种以及酸性，提高催化剂的氨吸附能力，促进催化剂的高温活性以及抗 H_2O、抗 SO_2 中毒性能。一些酸性化合物如钒酸盐、中等酸度的磷酸盐和硫酸盐已经被证实可用于 SCR 反应。$FeVO_4$ 和 $CePO_4$ 催化剂由于其较宽的温度窗口而极具应用潜力，$FeVO_4$ 和硫酸盐催化剂的温度窗口有较强的抗硫性。

1.4.1.1 硫酸修饰催化剂

有报道表明，催化剂酸化后可以增加表面酸性位和表面氧化物种，提高催化剂 NH_3 吸附能力、高温脱硝活性、抗 SO_2 和抗 H_2O 性能。Seong Moon Jung[31] 等将 TiO_2 用稀硫酸酸化，然后将 V_2O_5-WO_3 负载在表面制备出酸化后的钒基催化剂，与传统的钒基催化剂相比，硫酸化后的催化剂大大拓宽了中温脱硝温度窗口，在 250~450℃ 的脱硝活性均能达到 85%以上。对催化剂进行表征分析发现，SO_4^{2-} 并不会对 TiO_2 的物相结构造成影响，反而增大了 V_2O_5 和 WO_3 的氧化还原性，从而提高了催化剂的高温活性。何勇[32] 等先将 CuO 硫酸化，然后以 TiO_2-SiO_2(TS) 为载体利用浸渍法制备 $CuSO_4$-CeO_2/TS 催化剂，结果表明当体积空速为 $5000h^{-1}$ 时，在 220℃ 脱硝效率最高为 98%，当 SO_2 和 H_2O 同时存在的情况下，催化剂的脱硝活性仍维持在 95%左右，展现出了极强的抗水抗硫性。Yao[33] 等用硫酸、盐酸、醋酸、磷酸、硝酸预处理 CeO_2 催化剂，探究不同酸预处理后催化剂的物理性质和化学性质是否发生变化以及对催化剂脱硝效率的影响，结果表明经硫酸酸化后的 CeO_2 催化剂具有最高的脱硝活性，分析原因可能是硫酸酸化后增加了催化剂表面的 Brønsted 酸性位点和氧空位。

1.4.1.2 磷酸修饰催化剂

磷酸盐具有良好的热稳定性、质子导电性、离子交换性和酸性[34]。磷酸铈在 SCR 反应中的应用越来越受到人们的关注。研究表明，在 P 掺杂的 CeO_2/TiO_2 催化剂上，无定形 $CePO_4$ 物种通过 E-R 机制激活磷酸盐自由基 Brønsted 酸位上的 NH_4^+ 物种，生成 NH_2 物种与气态 NO 反应，从而促进 SCR 活性[35]。$CeO_2/CePO_4$ 比 CeO_2/TiO_2 催化剂具有更好的酸性和分散性，能诱

导更多的活性氧对 NH_3 的吸附和活化[36]。CeO_2-$CePO_4$纳米棒复合材料表现出比 $CePO_4$更好的催化活性和抗 SO_2 性。磷是 NH_3 吸附的酸位点，CeO_2 是氧化还原位点。NH_3-SCR 遵循 L-H 机理，其优异的氧化还原性能促进了 Fast SCR 反应的进行[37]。水热法制备的 Ce-O-P 催化剂在 200～550℃时的 NO 转化率达到 90%以上[38]。Yao[39]等发现，溶胶-凝胶法制备的 $CePO_4$催化剂表面形成的 Ce^{4+} 物种和活性氧物种比水热法和共沉淀法多。$CePO_4$（sol-gel）催化剂由于其表面酸性和氧化还原能力的提高而表现出更强的 SCR 活性，同时由于丰富的活性氧对 SO_2 的捕获作用，其抗 SO_2 性能更好。$CePO_4$催化剂表现出较宽的温度窗口，但对 SO_2 的耐受性仍不令人满意。因此，进一步提高 $CePO_4$的 SO_2 耐受性，并探索其他具有广阔温度窗口和强毒性的磷酸盐催化剂是今后研究工作的重点。

1.4.1.3 杂多酸修饰催化剂

Geng[40]和 Ren[41]等报道了磷钨酸（HPW）修饰的 Fe_2O_3 催化剂，由于 HPW 多氧阴离子与铁物种的协同作用，在较宽温度窗口内表现出较高的活性。Wu[42]等研究表明，采用 Keggin 杂多酸修饰 V_2O_5-MoO_3/TiO_2 催化剂可以增加更多的 Brønsted 和 Lewis 酸性位点，从而提高 NH_3-SCR 的催化剂活性。此外，如图 1-5 所示，Keggin 杂多酸修饰的催化剂抗 SO_2 和抗 H_2O 中毒的能力有所提高，因为 Keggin 结构降低了 SO_2 的吸附从而抑制了 SO_2 中毒。

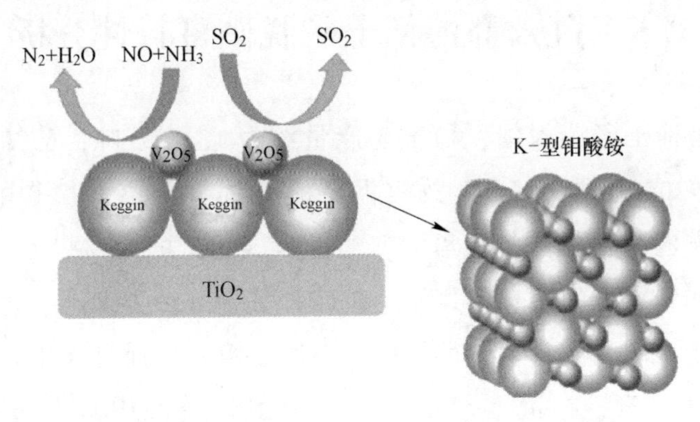

图 1-5 Keggin 杂多金属氧酸盐催化机理图

因此将催化剂酸化，可将矿物中的一些有价元素变为氧化物状态，且显著提高催化剂的表面酸性以及氧物种，提高催化剂的氨吸附能力，促进催化剂的催化活性、N_2 选择性以及抗硫抗水中毒性能。

1.4.2 球磨改性催化剂在 NH_3-SCR 中的研究

高能球磨借助球磨介质的重力势能不仅对球磨物料进行碾压粉碎，还会使球磨物料产生塑性形变和固相相变，触发球磨物料的化学活性发生化学反应，改变球磨物料的性能，通常球磨不仅会通过破碎和团聚作用改变球磨物料的颗粒尺寸，还会将物料的微观形貌挤压成具有各向异性的片状结构。

房娜娜[43]等对磷矿粉进行机械活化，取 20g 粗碎至 100 目（147μm）的磷矿粉加入冲击式活化器中，按设定加工参数为转速 1500r/min、钢球直径 20mm、球料比 20：1、时间 20min 对磷矿粉进行机械活化，进行 SEM 分析得出机械活化后，其结构松散、晶体边界表面模糊化，磷矿粉颗粒尺寸大幅减小，而比表面积增大；EDS 分析显示机械活化后的磷矿粉质地更均匀，成分及含量更稳定。侯丽敏[44]等通过机械活化稀土矿物，获得组织和成分分布均匀的粉末颗粒，进一步提高了 Fe、Ce 元素的分散度，增加了比表面积、孔容和孔径。使用高能球磨机球磨 120min，转子转速为 300r/min，球料之比为 1：1，大中小球直径比为 1：1：1，再经过微波焙烧，矿物的脱硝催化性能提升 40%。

1.5 白云鄂博稀土矿脱硝可行性分析

中国作为稀土资源大国，稀土矿产量约为 13.2 万吨，已知明确的稀土工业储量为 5200 万吨，其含量约占世界稀土总量的 63%，其中中国包头白云鄂博稀土矿区的稀土储备量最大，约占全国总量的 81%[45]。包头白云鄂博矿是一座非常罕见的多金属共伴生矿床，其中有种类多元、含量丰富的稀土矿物。稀土矿区的储备量在世界排名中居于第一，而且伴生多种可利用的稀散、放射性元素，在世界“三稀”及放射性资源中具有举足轻重的地位[46]。不但如此，其中还有丰富的有价元素，以轻稀土为主，稀土氧化物中 La、Ce、Pr 和 Nd 的含量（质量分数）高达 97%以上，具有重要的工业价值。

研究表明，Ce 基稀土催化剂具有良好的低温 SCR 催化性能。白云鄂博

稀土精矿主要以 $CeCO_3F$ 和 $CePO_4$ 的形式存在，其中 $CeCO_3F$ 矿物的平均含量（质量分数）在50%以上[45]。白云鄂博稀土矿主要属于轻稀土，稀土元素主要是铈族元素，其中铈、镧、镨等在白云鄂博矿石稀土元素中占97%以上[46]，白云鄂博稀土矿物中富 Ce 元素的特性是制备天然矿物催化剂的有利条件。目前，利用天然矿物作为脱硝催化剂是当下热点之一，白云鄂博稀土精矿中主要的活性物质是稀土氧化物及 Fe、Mn 等金属氧化物，且催化性能随着活性组分含量的提高而增强。因此，提出稀土含量较高的天然矿经过改性、负载制备低温 SCR 催化剂的新思路。稀土精矿是白云鄂博储量最丰富的稀土矿石，属三方晶系，主要化学成分为 $CeFCO_3$，精矿中伴生石英、方解石、磷灰石和铝土矿等，镧、铈、镨、钕、钐占稀土氧化物总量的97%，其中铈的含量(CeO_2)高达65% [$m(Ce)/m(REO)=85\%\sim90\%$]，矿物中的主要杂质为 Ca、Fe 和 Si 等。Ce 基稀土催化剂具有良好的低温 SCR 催化性能，稀土精矿中高含量的稀土元素可为 Ce 基 SCR 催化剂的制备提供有利的物质条件，既可以 $Ce^{4+}\rightarrow Ce^{3+}$ 转化，也可以 $Ce^{3+}\rightarrow Ce^{4+}$ 转化，而且氧元素的转化影响着 Ce 元素的价态变化[47]。天然稀土矿物结构稳定、硬度较低，通过人为干预很容易在表面形成发达的孔隙结构，可以作为脱硝催化剂的天然载体。原矿颗粒较大且表面平整，缺少催化所需的酸性位点以及活性位点，所以需要改性为其提供酸性位点、活性位点以及增大比表面积。稀土矿物中过渡金属含量较少且赋存形式多样，矿物中互相包裹存在嵌布粒度，难以发挥其催化作用，可以通过负载过渡金属使活性位点增多，产生 Fe-Ce、Fe-Cu 协同联合作用从而提高催化作用。利用天然矿物制备催化剂工艺方法较简单，有较好的稳定性及较优的抗 H_2O、抗 SO_2 性能。

根据 XRD 分析可以看出 CaF_2、SiO_2 和 $Ca(Mg/Fe)(CO_3)_2$ 的嵌布颗粒较大、结晶度较高。研究表明在 NH_3-SCR 催化反应过程中金属氧化物发挥着主要作用，为了更好地使得白云鄂博稀土矿中的金属化合物转化为金属氧化物，对稀土矿物进行550℃高温焙烧，但是由于 CaF_2 的结构比较稳定，所以未产生物质变化。由于 CaF_2 在矿物表面分散性差、结晶度较大，所以会在一定程度上限制稀土矿物的催化效率，为了改善稀土矿物的表面结构需要通过一定的化学和物理方式对其进行修饰，有效地提高活性组分的相对含量，降低金属氧化物在稀土矿物表面的结晶度并改善稀土矿物的比表面积。

因此，利用稀土精矿制备低温 SCR 催化剂将是白云鄂博轻稀土矿低污染、低成本、高附加值利用的新途径。目前，关于稀土精矿天然杂质及物理结构、改性条件对其表面性质、催化活性的影响及 SCR 反应机理等的研究报道尚不多见，有待深入研究。

2 实验材料与表征手段

2.1 稀土精矿概述

2.1.1 白云鄂博稀土精矿的组成

内蒙古自治区包头白云鄂博稀土矿是一个金属氧化物、稀土等矿物的混合共伴生矿床，其矿物中稀土的含量居世界之首，稀土精矿的主要矿相为氟碳铈矿和独居石，它们以不同比例混合，比例以 7∶3 或 6∶4 为主，约占全国稀土储量的 80%[48]。矿物之间的关系常为共生、伴生等，而矿物的颗粒较小，稀土矿物颗粒粒径范围主要在 0.01~0.0074mm。目前查明的稀土精矿中有 71 种元素、170 多种矿物，含量较多而有经济意义的元素有 26 种。

2.1.2 白云鄂博稀土精矿元素分析

本实验采用白云鄂博矿区的稀土精矿作为制备稀土催化剂的原材料，样品先用标准筛筛选，多次过筛研磨降低颗粒尺寸使稀土精矿粒度范围为 300 目左右（45~55μm）。经化学元素定量分析法检测的白云鄂博稀土精矿的化学成分组成见表 2-1。

表 2-1 稀土精矿元素分析

元素	Ce	Ca	F	Nd	Fe	P	La	S	Si
质量分数/%	19.5	14.3	7.08	5.94	5.62	5.29	3.31	2.94	2.60
元素	Pr	Ba	Mg	Na	Mn	Al	Sm	Mo	Pb
质量分数/%	1.58	1.17	1.02	0.85	0.47	0.39	0.33	0.28	0.27
元素	Ag	K	Th	Zn	Y	Sr	Nb	Re	
质量分数/%	0.24	0.22	0.13	0.09	0.09	0.08	0.05	0.01	

从表 2-1 中可知稀土精矿所含元素种类丰富，Ce、La、Nd 是矿物中主要

的稀土元素，稀土含量（质量分数）为27.0%，含量（质量分数）占比最高的是Ce元素（19.5%），Ce的氧化物具有优秀的储放氧能力[49]，可作为催化剂的活性组分，同时矿中含有少量Fe物质，可以与Ce物质联合发挥催化作用。

2.1.3 稀土精矿的热重和物相结构分析

通过热重分析可以看到稀土精矿在不同温度条件下的分解规律。为避免矿物表面水分子误差，在进行实验之前，将矿物置于烘箱中90℃烘干6h并密封保存。在热重实验过程中，先用20mL/min的 N_2 气流吹扫10min，以10℃/min的升温速率从室温升至800℃，得到分析数据绘制谱图。图2-1是稀土精矿的热重曲线分析图，可以看到50~800℃下稀土矿物的变化过程。450℃之前，TG曲线基本平稳，450~500℃有失重发生且出现吸热峰，氟碳铈矿开始分解释放 CO_2；500~600℃失重加快，DSC曲线处于放热状态，氟碳铈矿完全分解为氧化铈，随着焙烧温度继续升高，氟化稀土氧化物发生相分离，生成稀土氧化物和氟化稀土；600℃之后，TG曲线趋于平稳，因为矿物不再分解。分析热重曲线可以确定制备稀土矿物催化剂的焙烧温度，可以推算出氟碳铈矿的分解过程[50]：

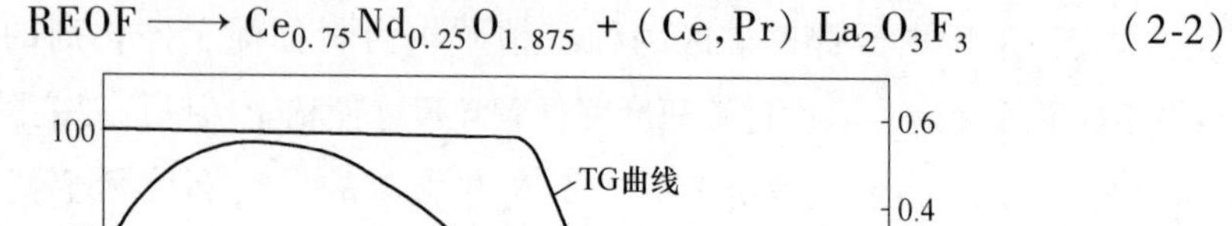

$$RECO_3F + O_2 \longrightarrow REOF + CO_2 \quad (2\text{-}1)$$

$$REOF \longrightarrow Ce_{0.75}Nd_{0.25}O_{1.875} + (Ce,Pr)La_2O_3F_3 \quad (2\text{-}2)$$

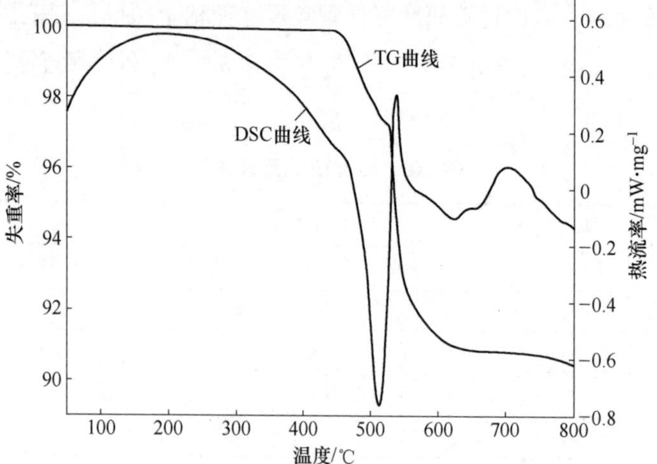

图2-1 稀土精矿的TG-DSC图

根据图 2-2 的 XRD 图谱，稀土精矿中主要包括氟碳铈矿、独居石、萤石等，可以看出原矿中 CaF_2、氟碳铈矿的结晶度较高，稀土氧化物与催化作用的本质联系是其阳离子的可变价性，其中 Ce 元素通过 Ce^{4+}/Ce^{3+}之间还原为 SCR 反应提供氧元素性能的提升[51]。稀土矿物中 Ce 元素主要以 $CeCO_3F$ 和 $CePO_4$形式存在，为了稀土矿物中 Ce 元素能更利于催化需要对稀土矿物进行改性处理。结合图 2-1 可以看出经过 550℃焙烧处理之后，氟碳铈矿大量分解，由文献查证，独居石在高温下焙烧无明显分解现象[48]，独居石相对氟碳铈矿分解就有所增多，峰强度变强，说明氟碳铈矿、独居石在稀土矿物中是互相交织和包裹的，两者紧密连接。500℃焙烧氟碳铈矿基本分解转化为 Ce_7O_{12}，La、Nd 等稀土元素未检测到新的衍射峰，可知其仍以原矿中天然的共伴生结构形式存在。焙烧前后没有出现 Fe 元素明显的相关衍射峰，可认为 Fe 元素在稀土精矿中含量较少且处于高度分散状态。说明为了更好地使得白云鄂博稀土精矿中活性组分发挥作用，需要提高稀土精矿表面物质分散性，降低其结晶度。高温焙烧条件下可以有效地使活性组分转化为稀土氧化物的同时令钙盐发生一定程度的裂解，使得其分散度增加、结晶度减小。

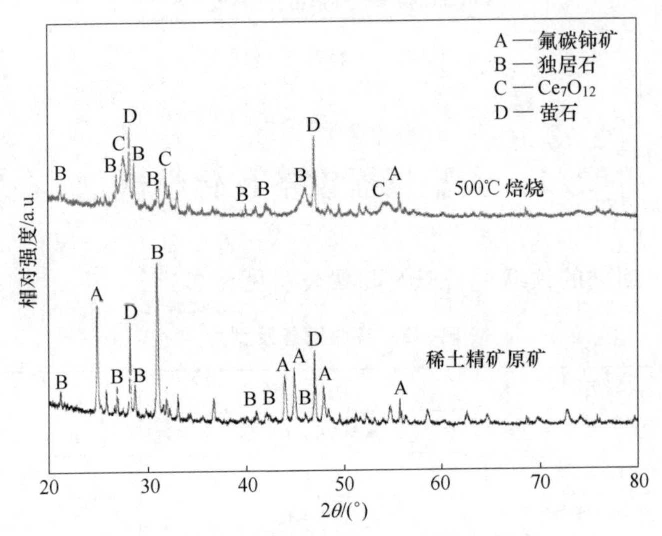

图 2-2 白云鄂博稀土精矿焙烧前后矿相分析

2.1.4 技术路线

本实验的技术路线图如图 2-3 所示。

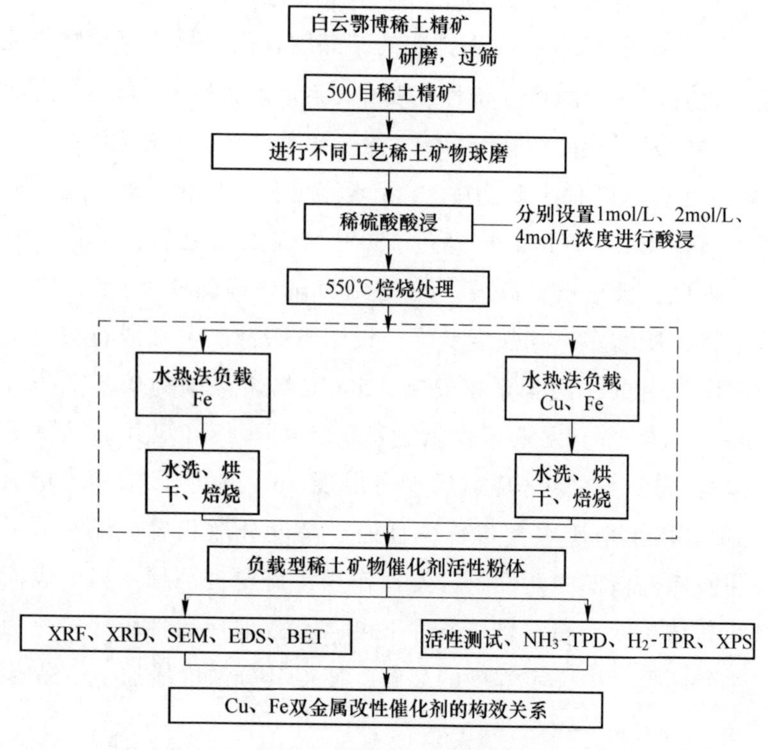

图 2-3 实验技术路线图

2.2 实验仪器设备及化学试剂

本书中所用到的仪器设备以及归属公司见表 2-2。

表 2-2 实验设备及型号

序号	仪器名称	型　号	生产公司
1	电子天平	MAX-C3002	五鑫衡器有限公司
2	电热鼓风干燥箱	101	上海尚仪有限公司
3	磁力加热搅拌器	79-1	北京中兴伟业仪器有限公司
4	水热反应釜	100mL	西安常仪仪器有限公司
5	催化反应装置	PCA-2200	北京彼奥德科技有限公司
6	烟气综合分析仪	崂应 3002	青岛崂山应用技术研究所
7	X射线衍射仪器	Axios	荷兰帕纳科公司
8	X射线光电子能谱	ESCALAB250ZI	美国赛默飞世尔有限公司

续表 2-2

序号	仪器名称	型　号	生产公司
9	全自动程序升温化学吸附仪	PCA-1200	北京彼奥德电子有限公司
10	X 射线荧光光谱分析	ARLAdvant' X Intellipower 3600°	美国赛默飞世尔有限公司
11	场发式扫描电子显微镜	Sigma-500	德国蔡司公司
12	热重分析仪	STA449C	德国耐驰公司
13	全自动比表面及孔径分析仪	3S-2000PS1	贝士德仪器科技有限公司

(1) 热重分析仪（TG-DSC）。使用德国耐驰公司的 STA449C 进行热重分析，通过样品质量与温度变化关系来探究矿物的热稳定性。工作条件：N_2 气氛，30~900℃，升温速度为 10℃/min。

(2) X 射线荧光光谱分析（XRF）。XRF 可以通过每种元素在 X 射线照射下呈现出不同的 X 射线谱并测量波长，对检测物中的元素进行定量分析。本书中相关实验使用美国赛默飞世尔有限公司制造的 ARLAdvant' X Intellipower 3600°型射线荧光光谱仪进行测试并对矿物中的元素含量进行定量分析。工作电压为 60kV，工作电流为 60mA，在真空状态下进行测试。

(3) X 射线衍射分析（XRD）。通过 XRD 谱图可以分析内部原子或分子结构。本书 XRD 测试由荷兰帕纳科公司 Axios 衍射仪检测，辐射源是 Cu 靶，使用逐步扫描法，工作电压为 40kV，电流为 30mA；驱动轴是 1theta-2theta 联动，扫描范围在 20°~80°，扫描速度为 2°/min。

(4) 扫描电镜（SEM）及能谱（EDS）。SEM 采用德国蔡司公司生产的 Sigma-500 型场发射式扫描电子显微镜进行，利用电子信号成像来观察催化剂的表面形态。借助配备的能谱仪（EDS），利用 X 射线特征波长来对催化剂的成分元素种类进行定量定性分析。电压范围在 0.02~30.0kV，探针电流为 4pA~20nA，加速电压为 0.02~30kV，放大倍数为 10~100000 倍。

(5) 比表面积（BET）分析。使用贝士德仪器科技有限公司生产的型号为 3S-2000PS1 的分析仪对催化剂进行测试，测定催化剂的比表面积、孔容和孔径分布。样品预处理：200℃下对样品进行真空脱气脱水处理 3h。在饱和蒸汽压为 1.0209×10^5Pa，吸附质是 N_2，液氮（-196℃）条件下测定催化剂的吸脱附曲线，采用 BET 法计算样品的比表面积，采用 BJH 法测定孔径分布。

（6）H_2-TPR 程序升温还原测试。H_2-TPR 实验采用北京彼奥德电子有限公司生产的 PCA-1200 程序升温化学吸附仪。测试之前，称取 0.1~0.15g 的催化剂样品放置到石英反应 U 型管中，先在 20mL/min 的 N_2 气氛下以 200℃ 预处理 1h，完成脱水处理并吹扫表面。等待样品冷却至 30℃ 且 TCD 信号平稳后，开始运行升温程序至 700℃（10℃/min），通过 TCD 信号检测 H_2 消耗量确定催化剂表面的氧化还原性能。

（7）NH_3-TPD 程序升温脱附测试。利用 NH_3-TPD 实验可以检测 NH_3 在催化剂表面的吸脱附情况。使用由北京彼奥德电子有限公司制造的 PCA-1200 化学吸附仪对催化剂表面进行 NH_3-TPD 测定。实验前，称取 0.1~0.15g 的催化剂样品，装填到石英反应 U 型管中。样品在 200℃ 并通入 20mL/min 的 N_2 条件下吹扫催化剂表面吸附的物质并进行脱水处理。冷却至室温，待 TCD 信号平稳后升温至 100℃ 后吸附 NH_3，等检测信号稳定说明 NH_3 已经吸附饱和。再冷却至室温并用 N_2 吹扫 30min，然后升温到 800℃（10℃/min），通过 TCD 信号检测得到 NH_3 的脱附曲线。

（8）X 射线光电子能谱仪（XPS）。XPS 可以鉴别催化剂表面的元素组成、化学价态以及相对含量。利用美国赛默飞世尔有限公司生产的 ESCALAB250ZI 高性能成像型 X 射线光电子能谱仪测试，分析室的真空度是 8×10^{-10}Pa，激发源是单色 AIKα 射线，工作电压为 12.5kV，灯丝电流为 16mA，并进行 10 次循环的信号累加。

2.3 催化剂的活性测试

图 2-4 为 NH_3-SCR 催化活性检测系统，实验仪器主要由立管炉、石英管、烟气分析仪及计算机处理系统组成。以 500×10^{-6}（体积分数）NO、500×10^{-6}（体积分数）NH_3、6%（体积分数）O_2 与 N_2 配平组成实验反应混合气体，气体流量设定为 100mL/min。实验开始前先检查气体管路的密封性，再启动测试装置和气瓶进行空管气体的流量平衡。在室温条件下，首先保证检测系统气路中的气流稳定且烟气分析仪中所检测的气体流速稳定，然后装填催化剂样品和石英棉进行催化活性实验，催化剂用量每次为 0.2~0.25g。以 10℃/min 进行升温，以 50℃ 为一个测试平台期，每 5s 刷新一次

气体流量，进行测试15~20min，在100~500℃温度段内测试催化剂样品的脱硝活性，记录数据，计算得到催化剂的脱硝效率。

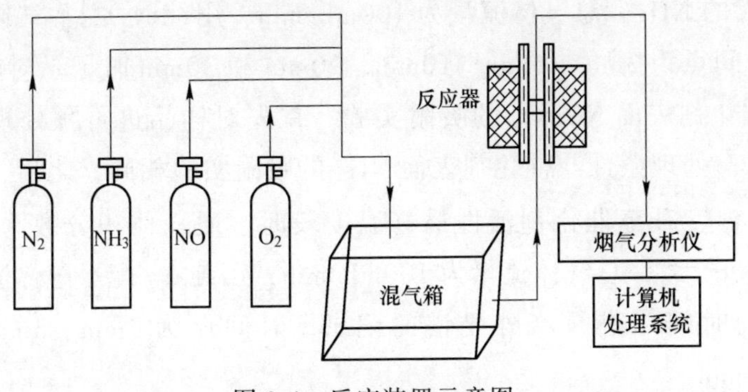

图 2-4 反应装置示意图

待 NH_3-SCR 反应后的气体浓度趋于稳定时，记录烟气分析仪中的数值 $(NO_x)_1$。计算脱硝效率时，用如下公式进行计算：

$$\eta = \frac{\varphi(NO_x)_0 - \varphi(NO_x)_1}{\varphi(NO_x)_0} \times 100\% \tag{2-3}$$

式中，η 为氮氧化物的转化率；$\varphi(NO_x)_0$ 为该实验工况下 NO_x 的入口浓度；$\varphi(NO_x)_1$ 为该工况下烟气分析仪的 NO_x 出口浓度，单位为 ppm❶。

2.4 原位漫反射傅里叶变换红外光谱实验

通过对催化剂表面的吸附态实验，阐明了吸附态 NH_3 及 NO_x 物种在催化过程中的存在形式。选择脱硝活性最佳的催化剂样品，对其进行原位红外的研究，使用的气体浓度和活性测试一致。准备200~300目的实验样品，将其放入仪器中的坩埚平台上，压平整。通过稳态 DRIFTS 实验，研究当催化剂活性达到稳定时，NH_3 或 NO 在表面吸附物种的存在形式和随温度变化规律，从而推测出催化剂脱硝的反应路径。

2.4.1 催化剂表面 NH_3/NO+O_2 的吸附

(1) 催化剂表面 NH_3 的吸附实验。首先对样品进行预处理，将样品台

---

❶ $1ppm = 10^{-6}$。

进行程序升温至 200℃，通入气体流量为 100mL/min 的纯 N_2，吹扫 30min 之后，记录红外背景光谱。温度升至催化剂活性最好温度段时，通入体积分数为 500×10^{-6}的 NH_3，总气体流量为 100mL/min，用纯 N_2 配平气体流量。分别在通入时间点为 3min、5min、10min、20min 和 30min 时记录对应光谱。

（2）催化剂表面 $NO+O_2$ 的吸附实验。首先对样品进行预处理以去除催化剂内部水，处理条件与催化剂表面 NH_3 的吸附实验相同。之后，记录红外背景光谱。温度升至催化剂活性最好温度段时，通入体积分数为 500×10^{-6} 的 NO 和 6%的 O_2，总气体流量为 100mL/min，用纯 N_2 配平气体流量。分别在通气不同时间点进行红外光谱的记录，时间点为 3min、5min、10min、20min 和 30min。

2.4.2　催化剂表面 NH_3/$NO+O_2$ 的热稳定性

（1）催化剂表面 NH_3 的热稳定性。首先对样品进行预处理以去除催化剂内部水，将样品台进行程序升温至 450℃，通入气体流量为 100mL/min 的纯 N_2，时间为 30min。当预处理结束后，在程序降温至室温过程中，以 50℃为 1 个温度梯度，记录每个反应温度段内红外背景光谱。温度降至室温后，通入体积分数为 500×10^{-6}的 NH_3，总气体流量为 100mL/min，用纯 N_2 配平气体流量。进行催化剂表面 NH_3 的吸附实验，吸附时间为 60min。待吸附完成后，通入纯 N_2 吹扫 10min 后，开始程序升温，以 50℃为 1 个温度梯度，分别记录 100~450℃下的对应光谱。

（2）催化剂表面 $NO+O_2$ 的热稳定性。首先对样品进行预处理以去除催化剂内部水，处理条件与催化剂表面 NH_3 的热稳定性吸附实验相同。当预处理结束后，在程序降温至室温过程中，以 50℃为 1 个温度梯度，记录每个反应温度段内红外背景光谱。温度降至 50℃时，通入体积分数为 500×10^{-6}的 NO 和 6%的 O_2，总气体流量为 100mL/min，用纯 N_2 配平气体流量。进行催化剂表面 NO 吸附实验，吸附时间为 60min。待吸附完成后，通入纯 N_2 吹扫 10min 后，开始程序升温，以 50℃为 1 个温度梯度，分别记录 100~450℃下的对应光谱。

2.4.3　瞬态 DRIFTS 实验

（1）催化剂表面预吸附 NH_3 再与 $NO+O_2$ 反应。首先对样品进行预处理以去除催化剂内部水，处理条件与催化剂表面 NH_3 的吸附实验相同。之后，记录红外背景光谱。温度升至催化剂活性最好温度段时，通入体积分数为 $500×10^{-6}$ 的 NH_3，总气体流量为 100mL/min，用纯 N_2 配平气体流量，催化剂吸附时间为 40min。待吸附完成后，通入纯 N_2 吹扫 10min，去除实验设备中和催化剂表面未吸附的 NH_3。最后通入体积分数为 $500×10^{-6}$ 的 NO 和 6% 的 O_2，总气体流量为 100mL/min，用纯 N_2 配平气体流量。进行催化反应实验，分别记录反应时间为 3min、5min、10min、20min 和 30min 时的红外光谱。

（2）催化剂表面预吸附 NO+O_2 再与 NH_3 反应。首先对样品进行预处理以去除催化剂内部水，处理条件与催化剂表面 NH_3 的吸附实验相同。之后，记录红外背景光谱。温度升至催化剂活性最好温度段时，通入体积分数为 $500×10^{-6}$ 的 NO 和 6% 的 O_2，总气体流量为 100mL/min，用纯 N_2 配平气体流量。进行催化剂吸附实验，时间为 40min，待吸附完成后，通入纯 N_2 吹扫 10min，通入体积分数为 $500×10^{-6}$ 的 NH_3，总气体流量为 100mL/min，用纯 N_2 配平气体流量。进行催化反应实验，分别记录反应时间为 3min、5min、10min、20min 和 30min 时的红外光谱。

本书实验所添加的化学试剂见表 2-3。

表 2-3 主要化学试剂表

序号	名称	化学式	纯度	归属公司
1	氮气	N_2	99.99%	靓云气体有限公司
2	氧气	O_2	99.99%	靓云气体有限公司
3	液氮	$N_2(l)$	99.99%	内蒙古一机厂
4	氨气	NH_3	1%NH_3+99%N_2	靓云气体有限公司
5	氢气	H_2	1%H_2+99%N_2	靓云气体有限公司
6	一氧化氮	NO	1%NO+99%N_2	靓云气体有限公司
7	硫酸	H_2SO_4	98%	国药集团化学试剂有限公司
8	硫酸亚铁	$FeCl_2 \cdot 4H_2O$	分析纯	国药集团化学试剂有限公司
9	硝酸铜	$Cu(NO_3)_2 \cdot 3H_2O$	分析纯	国药集团化学试剂有限公司

3 稀土精矿的酸化及 NH_3-SCR 性能研究

3.1 催化剂的制备

首先对稀土精矿进行研磨过筛（300目）去除矿物中的杂质，然后进行球磨处理，同时稀释浓硫酸至浓度分别为1mol/L、2mol/L、4mol/L。再将经过不同的球磨后的矿物（10g）浸入不同浓度的硫酸溶液（30mL）中，置于磁力搅拌机中搅拌6h，保证矿物和硫酸溶液充分反应并静置。将样品置于干燥箱110℃烘干然后在550℃下马弗炉焙烧0.5h，制得球磨酸化改性的稀土精矿催化剂；另制备原矿550℃焙烧0.5h的样品作为对照，探究改性稀土精矿催化剂催化活性提高的原因，样品的具体实验工况见表3-1。

表3-1 样品实验工况

样 品	酸浸浓度 /mol·L^{-1}	球磨编号	球磨转速 /r·min^{-1}	球料比	焙烧温度 /℃
原矿焙烧	—	—	—	—	550
1mol/L	1	1号球磨	300	1∶1	550
2mol/L	2	1号球磨	300	1∶1	550
4mol/L	4	1号球磨	300	1∶1	550
1mol/L	1	2号球磨	600	10∶1	550
2mol/L	2	2号球磨	600	10∶1	550
4mol/L	4	2号球磨	600	10∶1	550
1mol/L	1	3号球磨	900	20∶1	550
2mol/L	2	3号球磨	900	20∶1	550
4mol/L	4	3号球磨	900	20∶1	550

3.2 酸化对稀土精矿脱硝性能的影响

图 3-1 是制备改性催化剂进行活性测试的数据图，从图 3-1（a）~（c）三张图中都可以看出，未经任何处理的稀土精矿原矿的催化活性只有 19%，催化活性在 200℃之后缓慢升高，是因为随着反应温度升高，稀土精矿中 $CeCO_3F$ 会分解生成少量 CeO_2 有利于催化脱硝；在 350℃到达催化活性峰值随后开始下降，这是因为随着温度升高，稀土精矿的结构有可能遭到破坏，如孔隙坍塌或者表面的稀土氧化物发生烧结现象。相比只经过焙烧的原矿催化剂样品，酸化改性之后的催化剂脱硝活性均得到提高，脱硝效率在 300℃之后提升明显，在 1mol/L 的酸化浓度时，催化剂脱硝活性明显高于原矿脱硝效率；在 2mol/L 的酸浸浓度时，三种球磨的样品活性均高于其他酸化浓度并在 450℃达到最大值；同时发现当球磨参数一定但酸化浓度提高到 4mol/L，催化剂活性反而有所降低，这是因为过高的酸化浓度破坏了催化剂中的活性物质或孔洞结构，说明只有适当的酸化改性才可以使 NO_x 转化率最大化。在相同酸浸浓度的基础上，随着球磨工艺的改变，改性催化剂的活性都有所变化，以 2 号球磨工艺的催化剂的催化活性最好，其中 2 号球磨 2mol/L 酸浸的样品催化活性最高为 60%，相比原矿提高 41%；从图 3-1（d）分析可知，2mol/L 酸浸浓度不变，但球磨工艺改变，脱硝效率也有改变，说明 2 号球磨工艺优于 1 号和 3 号球磨工艺，球磨工艺对矿物活化程度影响因素程度为球料比>转子转速>球直径比[43]，过少的球料比不能充分撞击矿物而活化作用小；过多的球料比过分撞击矿物表面并能使矿物产生较多的晶格畸变，但是产生的细小矿物颗粒又会产生颗粒的团聚现象，同时还会破坏天然矿物的稳定结构和孔隙结构；只有合适的球料比才可以充分撞击矿物但又不破坏矿物的天然骨架，并可以增加矿物的比表面积从而暴露出更多催化活性位点，有利于 NO_x 的转化率。在酸化浓度一样但稀土精矿球磨工艺不同时，催化剂活性的最大变化幅度不超过 10%，增幅明显小于酸化浓度带来的变化。所以后续的研究均采用 2 号球磨工艺不同酸浓度处理的样品进行。

在相同的球磨参数前提下分析不同的硫酸浓度酸化稀土精矿的催化活性结果，发现随着酸化浓度的不同，NO_x 的转化率差别较大，可见相比球磨条件，合适的酸浸浓度是催化活性提高的重要原因。球磨酸浸联合处理工艺可

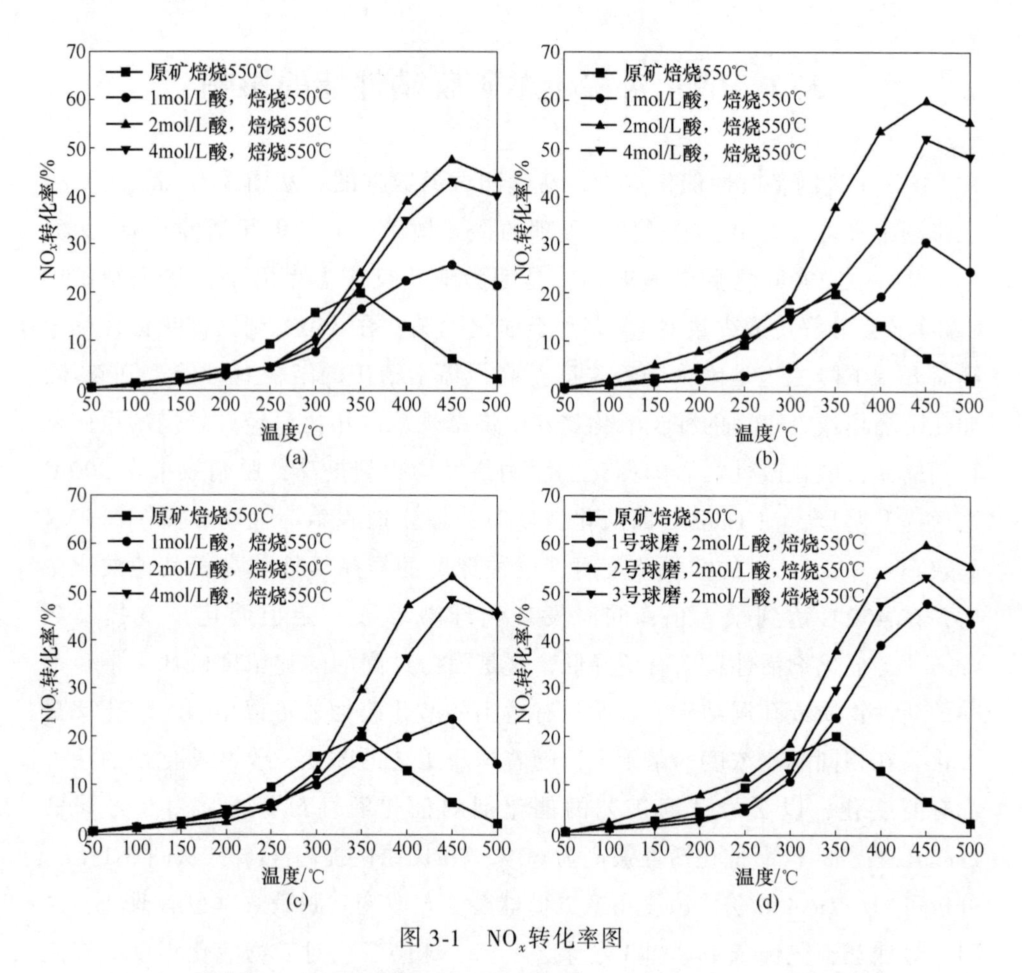

图 3-1 NO_x转化率图

（a）1号球磨；（b）2号球磨；（c）3号球磨；（d）2mol/L 酸处理不同球磨工艺

以提高稀土矿物催化剂的脱硝效率，但是催化活性的反应温度过高、温度窗口过窄、脱硝效率不够高，后期应着手解决这些问题。

3.3 酸化稀土精矿的物理化学性质

3.3.1 酸化稀土精矿的表面晶相分析

图 3-2 是稀土精矿的 XRD 图谱，可知稀土矿物主要包括氟碳铈矿、独居石、萤石等，其中稀土氧化物的阳离子的可变价性与催化作用有本质联系，Ce 元素通过 Ce^{4+}/Ce^{3+}之间还原为 SCR 反应提供氧空位、增加活性氧。稀土

矿物中 Ce 主要以 $CeCO_3F$、$CePO_4$形式存在，为了稀土矿物中 Ce 元素能更利于催化需要对稀土矿物进行改性处理。由图 3-2 可以看出经过 550℃焙烧处理之后，$CeCO_3F$ 的峰减少，$CePO_4$在 900℃以下无明显分解现象[51]，说明主要由 $CeCO_3F$ 分解产生，而 $CePO_4$的衍射峰就相对 $CeCO_3F$ 衍射峰有所增多且峰强度也变强，说明氟碳铈矿与独居石在稀土矿物中互相交织和包裹在一起。采用球磨硫酸酸化改性之后再焙烧的催化剂中大量出现 $CaSO_4$的衍射峰，发现酸浸浓度增加之后，$CePO_4$的峰不断减少，峰强度均降低，说明球磨酸浸之后再焙烧，$CeCO_3F$ 与 $CePO_4$都有所分解，而且 $CePO_4$分散性更好，可以进一步提高 Ce 元素的分散性，从而提高脱硝效率。酸浸之后的稀土矿物还暴露出 Fe_2O_3，一般所有 Fe 物种对于 NH_3-SCR 脱硝都具有活性，焙烧有助于矿物表面的铁矿物生成铁氧化物，并可以促进矿物表面的 Ce 元素分散更均匀。经过酸化之后的样品，XRD 图谱均出现 $Ce_2(SO_4)_3$ 和 $CaSO_4$新物质的衍射峰，发现酸浸浓度增加之后，$CaSO_4$的衍射峰强度增强，$CePO_4$、CaF_2、$Ca_5(PO_4)_3F$ 的峰强度都有变弱，说明球磨酸浸之后，CaF_2 和硫酸反应导致 CaF_2 的结晶度降低，$CeCO_3F$ 与 $CePO_4$均与硫酸反应生成$Ce_2(SO_4)_3$，同时 $CePO_4$分散性变好，同时发现 4mol/L 的催化剂样品 $CaSO_4$的衍射峰强度最强，表明大量钙盐被溶出并包裹矿物反而降低催化剂的脱硝活性。

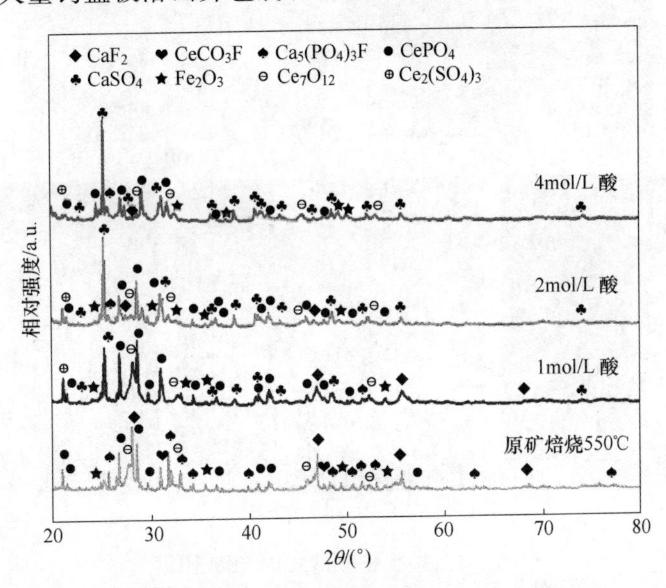

图 3-2 不同浓度酸处理稀土精矿的 XRD 图谱

3.3.2 酸化稀土精矿的表面形貌及能谱

图 3-3 为经过不同处理手段的 5 个稀土精矿样品的表面形貌图像，原矿的表面呈现光滑平整。原矿焙烧 550℃的样品，表面开始出现裂纹，矿物颗粒包裹交错但天然结构完整。1mol/L 样品的表面被硫酸腐蚀且生成明显的团聚现象，并生成少量孔隙。2mol/L 样品的表面形成大量沟壑和缺陷变得十分粗糙，存在少量小团聚现象，生成大量孔隙，矿物的天然骨架仍然存在，可以负载过渡金属进一步提高脱硝效率、拓宽活化窗口。4mol/L 样品的矿物表面结构中，矿物整体被腐蚀严重而且表面发生软化变形，造成孔隙崩塌，矿物基本结构遭到破坏，团聚现象十分严重，造成孔隙堵塞坍塌呈现凝结状态。综上所述，适当的球磨酸浸处理可以使稀土矿物比表面积增大、孔隙增多，催化反应场所和活性位点增多，改变稀土矿物的微观形貌和孔隙结构，促进脱硝效率。

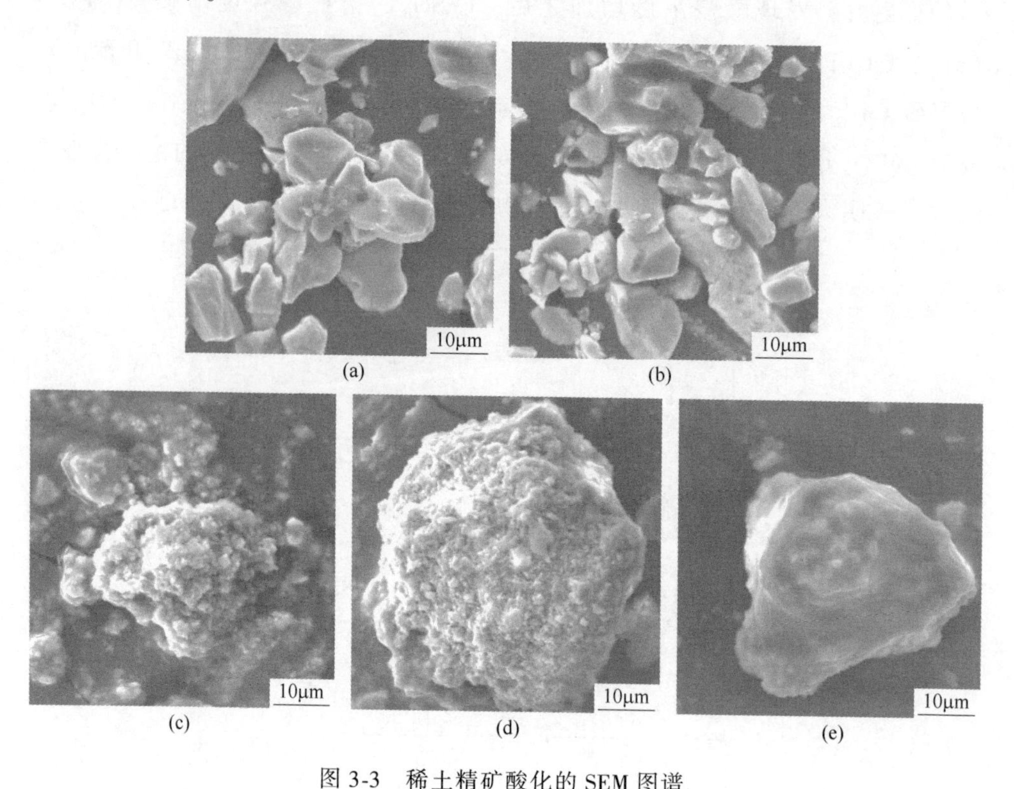

图 3-3 稀土精矿酸化的 SEM 图谱

(a) 原矿；(b) 原矿焙烧；(c) 1mol/L；(d) 2mol/L；(e) 4mol/L

图 3-4 为 2mol/L 硫酸酸浸的矿物 EDS 图谱，经过球磨酸浸焙烧之后，矿物表面暴露出更多的 Ce、Fe、La 等活性物质，有利于 NH_3-SCR 脱硝，其中 Ce 的分散性均匀，这也是脱硝性能提升明显的原因。

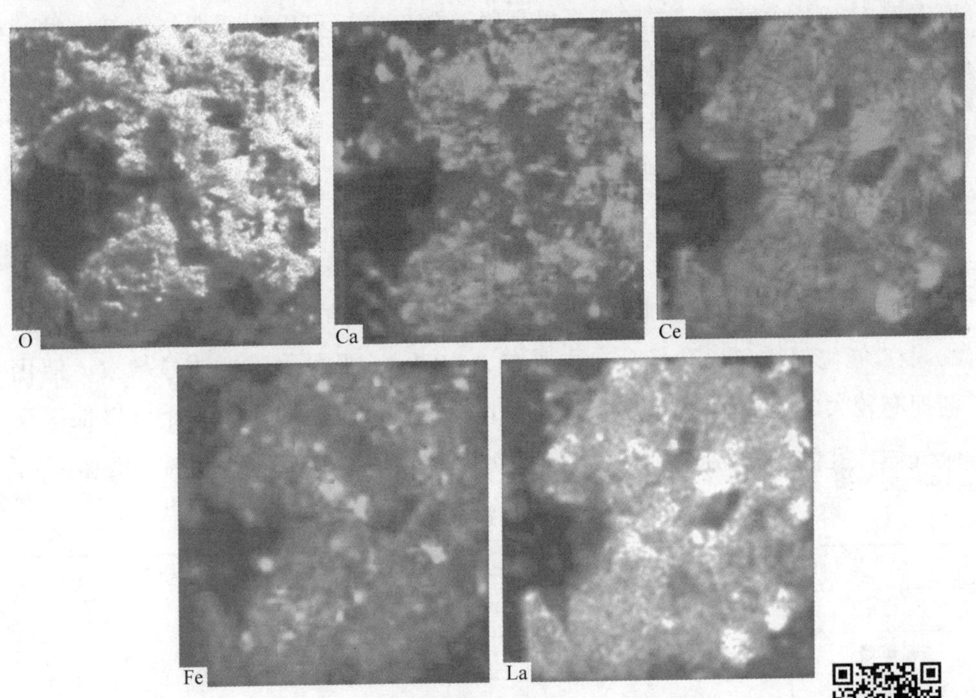

图 3-4　2mol/L 硫酸处理样品的 EDS 图谱

图 3-4 彩图

3.3.3　酸化稀土精矿的比表面积及孔径

催化剂所测得的比表面积、孔体积、平均孔径见表 3-2。通过测试发现经过焙烧、球磨酸化处理之后的矿物的比表面积、孔体积相比原矿明显成倍增加。图 3-5 是球磨酸浸制备催化剂的 N_2 吸脱附等温线和孔径分布图，原矿矿物表面平整，所以比表面积很小，同时吸脱附值较小。分析原矿 550℃焙烧之后样品的吸附曲线可知，矿物经过高温分解，表面形成裂纹凹坑以及小颗粒导致吸附能力增大。观察经过球磨再进行 1mol/L、2mol/L、4mol/L 酸浸之后的吸附曲线图发现，矿物被撞击之后粒径不断减少，暴露出更多新的矿物表面，再经过焙烧产生裂痕，矿物表面锐角变得圆滑，所以比表面积成倍增加。同时随着酸浸浓度的增加，矿物的比表面积、孔体积、平均孔径都依次增加，这是因为随着酸浓度的增加，其对矿物表面的侵蚀更加严重，孔隙也逐渐增多。但是 4mol/L 酸浸的活性却小于 2mol/L 酸浸活性，这是因为 4mol/L 酸浸使部分矿物颗粒被溶解，生成的稀土氧化物也有可能被溶解，导致部分表面已经失活，说明合适的球磨酸浸浓度工艺可以使得矿物天然结构保存但表面形成更多反应场所，提高脱硝效率，还可以为后期修饰其他过渡金属提供稳定的矿物结构。催化剂的吸脱附曲线均属于典型的Ⅳ型等温线，这意味着催化剂拥有大量介孔（2~50nm）[52]。所有样品的等温线均呈现典型的 H3 滞回环，稀土精矿焙烧的催化剂样品闭合点在 0.6（p/p_0），而球磨硫酸处理的矿物催化剂的闭合点提前至 0.4（p/p_0），说明酸改性后的样品形成了更多的介孔。由孔径分布图可见，原矿焙烧样品的孔径分布聚集在 3~6nm，孔径总体偏小，吸脱附性就差，而酸处理后催化剂的孔径范围则更宽，2mol/L 催化剂样品的孔径分布主要在 2~40nm，吸脱附值也明显增大。催化剂拥有较大的比表面积有助于吸附 NO_x 和 NH_3，较宽的孔径分布可以促进反应气体在孔隙中扩散，所以球磨硫酸处理矿物后的脱硝活性大幅度增加[53]。

表 3-2　催化剂的 BET 分析

样　品	比表面积/$m^2 \cdot g^{-1}$	孔体积/$mL \cdot g^{-1}$	平均孔径/nm
原矿	0.9	0.003	15.0
原矿焙烧	3.1	0.02	9.3
1mol/L	3.6	0.03	20.0
2mol/L	8.3	0.04	20.2
4mol/L	11.2	0.08	19.3

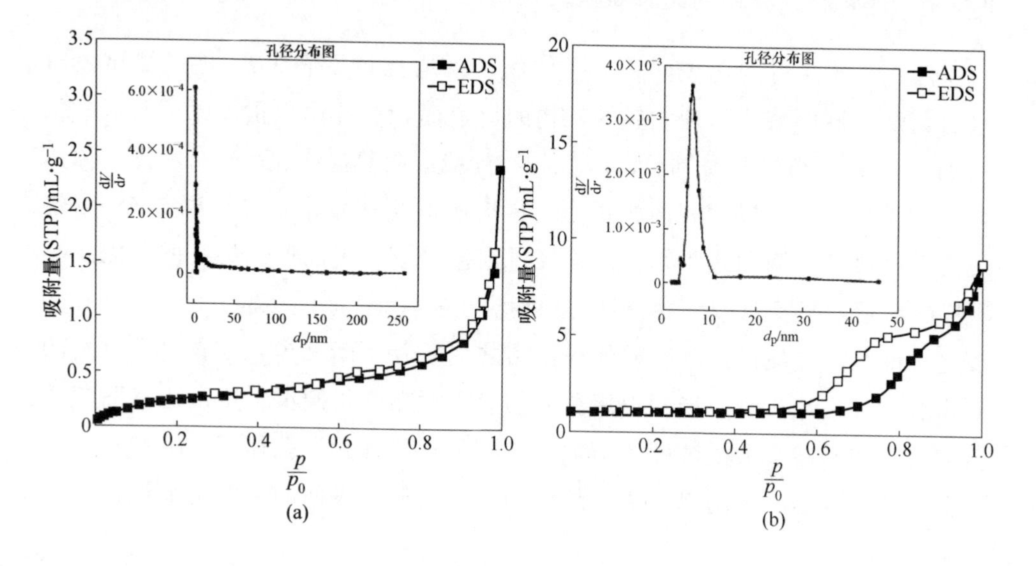

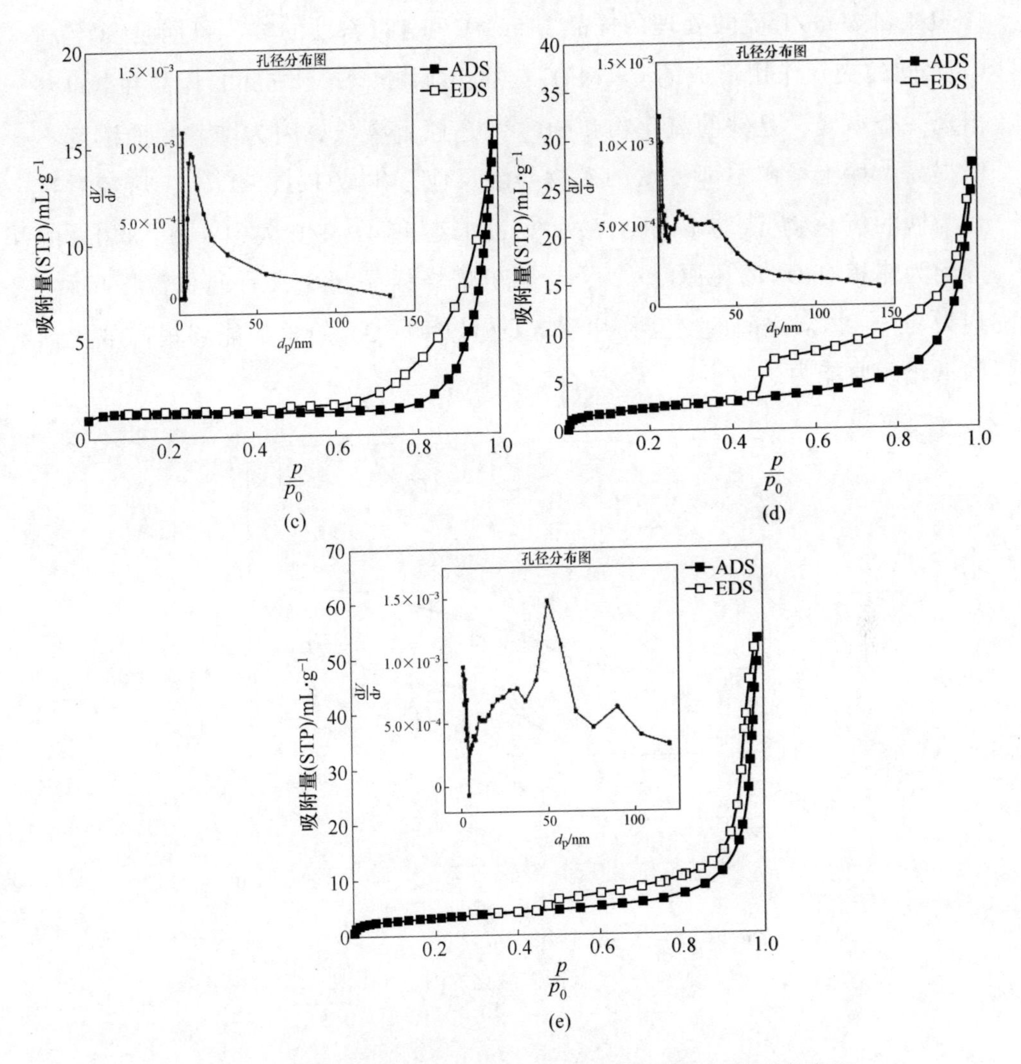

图 3-5 球磨酸浸制备催化剂的 N_2 吸脱附等温线和孔径分布图

（a）原矿；（b）原矿焙烧；（c）1mol/L；（d）2mol/L；（e）4mol/L

3.3.4 酸化稀土精矿的表面氧化还原性能

图 3-6 是样品的 H_2-TPR 曲线，原矿焙烧样品在 604℃ 和 805℃ 各出现一个较大的峰，分别对应稀土矿物表面 CeO_2 和体相 CeO_2 的还原。球磨酸化改性之后的催化剂样品均出现两处较大的峰，但是相比原矿焙烧样品的峰位均明显向低温方向移动，说明改性之后催化剂的还原能力增强。

1mol/L和2mol/L硫酸处理的样品中563℃和481℃处的峰，可能是 SO_4^{2-} 和Ce之间的交互作用形成的 $Ce_2(SO_4)_3$ 的还原峰[54]。4mol/L样品在364℃出现一个小峰，是铁的氧化物和 SO_4^{2-} 的还原重叠峰，因为随着酸的浓度不断提高，稀土精矿中部分铁的矿物与酸反应，生成 $Fe_2(SO_4)_3$，焙烧后转化为铁的氧化物[55]。1mol/L酸、2mol/L酸和4mol/L酸中800~840℃的峰均为体相 CeO_2 的还原峰[56]，与原矿焙烧样品相比其有向低温区偏移，均为 SO_4^{2-} 和Ce之间的交互作用引起的，表明 SO_4^{2-} 的添加能够提高催化剂的氧化还原能力。

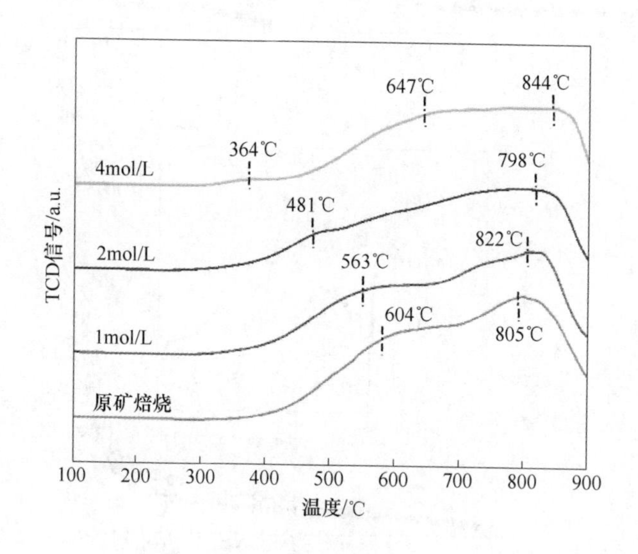

图3-6 稀土精矿酸化的 H_2-TPR 图

3.3.5 酸化稀土精矿的表面吸附性能

图3-7为催化剂的 NH_3-TPD 图，NH_3 分子作为碱性分子，催化剂表面酸性位点越多就越容易吸附 NH_3，小于200℃的吸收峰与弱酸有关，其他大于250℃的峰与中强酸有关[57-58]。稀土精矿焙烧之后的催化剂在501℃和596℃出现较小脱附峰，归结于表面中强酸性位点吸附。经过球磨酸化处理之后的稀土精矿催化剂，在175~235℃的低温段均出现 NH_3 脱附峰，是由催化剂表面的弱酸性位点导致的，其中2mol/L样品的脱附峰温度最低，且 NH_3 脱附峰面积最大，表明2mol/L样品表面有多种物质共同作用促进 NH_3

大量吸附，表明酸改性的催化剂吸附氨的能力明显提高，催化剂的脱附峰与精矿原矿相比，明显向低温（小于200℃）方向移动。研究表明SO_4^{2-}物种引入可以改善催化剂的表面酸性数量，特别是弱酸性点位（小于200℃），普遍认为NH_3倾向于吸附在弱酸性点位上，弱酸性点位在低温条件下的NH_3-SCR反应中起关键作用[59-60]，从而提高脱硝效率。

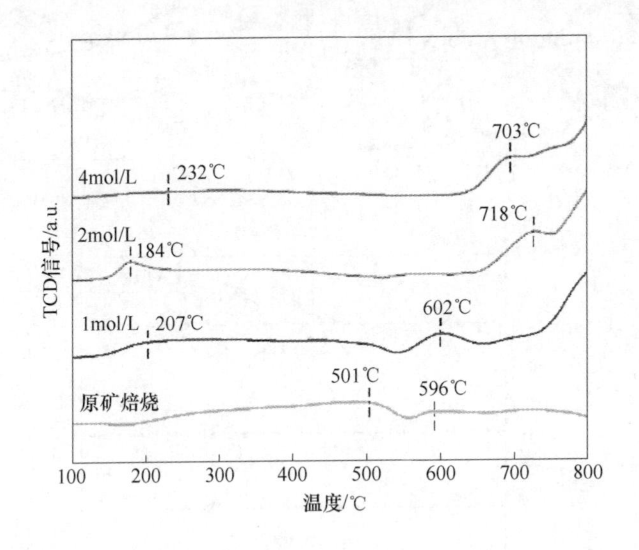

图3-7 稀土精矿酸化的NH_3-TPD图

3.3.6 酸化稀土精矿的元素XPS分析

图3-8是催化剂Ce、Fe、O元素价态分析的XPS图谱，对原始数据Ce、Fe和O作图。图3-8（a）是催化剂Ce 3d的XPS图谱，在v(883.1eV)、v″(887.8eV)、v‴(902.9eV)、u(900.7eV)、u″(907.2eV)、u‴(915.5eV)处的峰是Ce^{4+}的特征峰；Ce^{3+}的特征峰出现在v′(886.1eV)、u′(904.9eV)[61-62]等。结果见表3-3，分别计算不同价态的元素峰面积并得到Ce^{3+}相对含量。酸化改性后的样品，发现Ce^{3+}相对含量均明显增加，以2mol/L硫酸处理的样品中Ce^{3+}含量最高，其占比是42.3%，说明酸化改性有利于Ce^{3+}的生成。研究表明，Ce^{3+}和Ce^{4+}的同时存在有利于催化剂表面氧的储存和释放，加快吸附氧和晶格氧之间的转换，提高活性氧的数量并增强氧化还原能力[63]。

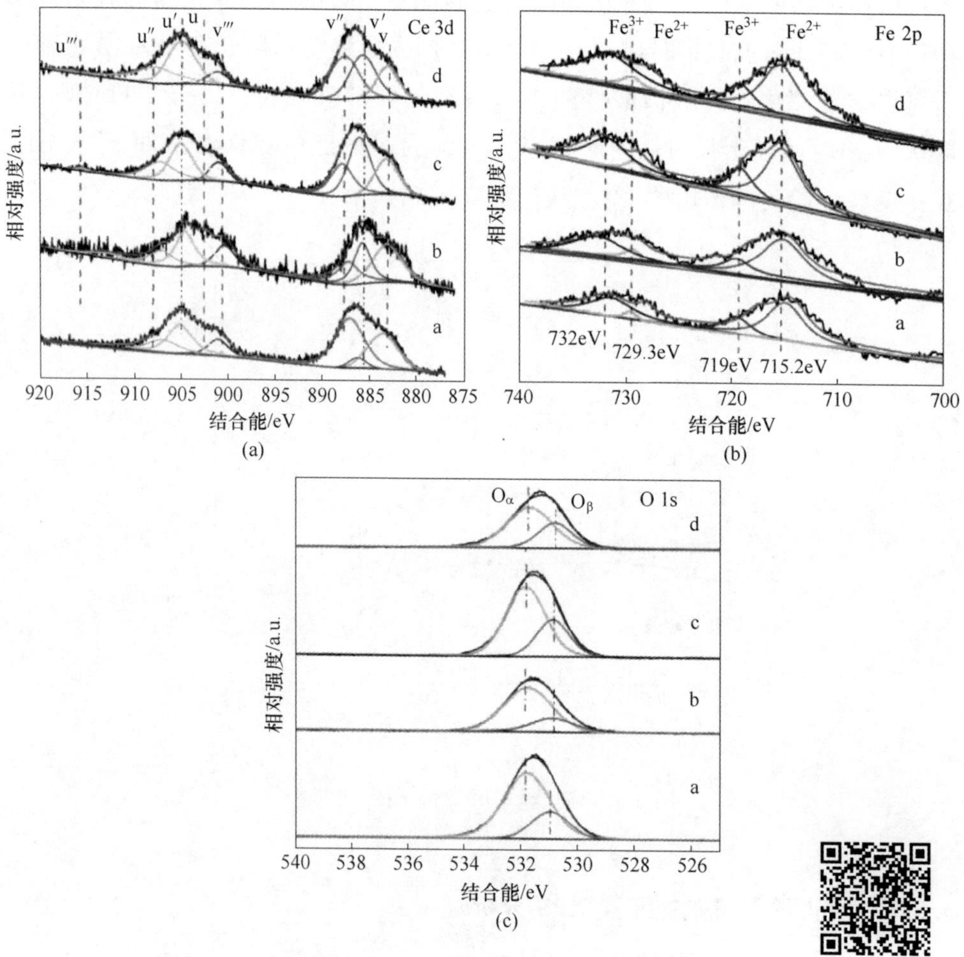

图 3-8　稀土精矿酸化的 XPS 图谱

（a）Ce 3d；（b）Fe 2p；（c）O 1s

a—原矿焙烧；b—1mol/L；c—2mol/L；d—4mol/L

图 3-8 彩图

表 3-3　稀土精矿酸化的元素峰面积占比

样　品	峰面积（$Ce^{3+}/Ce^{3+}+Ce^{4+}$）/%	峰面积（$Fe^{2+}/Fe^{2+}+Fe^{3+}$）/%	峰面积（$O_\beta/O_\alpha+O_\beta$）/%
原矿焙烧	19.9	52.3	23.7
1mol/L	31.6	54.5	24.2
2mol/L	42.3	62.4	30.6
4mol/L	42.2	58.3	32.1

图 3-8（b）是催化剂 Fe 2p 的 XPS 图谱。根据先前的研究[64]，对 Fe 2p 的数据进行拟合作图，Fe 元素主要以两种价态存在于催化剂表面，712.4eV 和 718.6eV 左右的峰归属于 Fe^{2+}，位于 713.6eV 和 726.4eV 的峰归属于 Fe^{3+}。据表 3-3，计算 Fe 元素不同价态的峰面积得到 Fe^{2+} 相对含量。发现随着硫酸浓度的增加，Fe^{2+} 含量先增加后减小。原矿焙烧样品中 Fe 含量被暴露的不多，所以原矿的 Fe 元素的峰强度也明显较低，经过改性处理之后峰强度变强，Fe^{2+} 峰面积明显增加，有利于改善脱硝活性[65]。矿物天然结构部分被溶解，暴露出更多的 Fe 物种，研究表明 Fe 的氧化物对提高 NO_x 转化率有很大的作用。

图 3-8（c）是催化剂 O 1s 的 XPS 图谱，528.7～530.9eV 处的峰属于晶格氧（O_β），在 531.4～532.5eV 处的峰与吸附氧（O_α）[66] 有关，O_β 具有较高的迁移率，对氧化反应有重要影响，更有利于将 NO 氧化为 NO_2 和 NH_3 氧化为—NH_2，促进 SCR 反应的进行[67]。原矿焙烧样品的晶格氧的比例为 23.7%，随着酸化改性浓度增加，晶格氧含量逐渐增大，4mol/L 样品含量占比为 32.1%，说明 Fe 和 Ce 之间存在协同作用，从而使吸附氧、晶格氧发生转换产生更多氧空位，即活性氧增多。Ce 离子的价态变化（$Ce^{4+} \rightarrow Ce^{3+}$）一般伴随氧空位的出现[67]，Fe 离子价态的转化有助于提高 NO_x 转化，吸附氧和晶格氧之间的转换可以增加活性氧，所以改性之后催化剂的脱硝效率大幅提高。

3.4 本章小结

（1）经过 2mol/L 酸浸和 2 号工艺球磨的样品，NO_x 转化效率最高，达到 60%，提高了 41%，可以得出球磨-稀硫酸酸浸制备是提高稀土矿物催化剂脱硝性能的有效方法。

（2）球磨酸浸处理之后，改性催化剂可以产生较大的比表面积、发达的孔洞，暴露出矿物中被包裹的活性物质，并使得活性物质分散更均匀，增加反应场所。分析 H_2-TPR 和 NH_3-TPD 发现，酸化改性的催化剂表面还原性增强和酸性位数量增多，更易吸附碱性气体 NH_3。

（3）从 XPS 结果可以看出，矿物改性之后，催化剂中的 Ce 元素以 Ce^{3+}

和 Ce^{4+}形式共存，Ce^{3+}明显增加；同时 Fe 物种以 Fe^{2+}和 Fe^{3+}共存，以 Fe^{3+}主导，有利于产生 Fe-Ce 协同作用；改性之后的矿物表面中晶格氧的含量也得到提升。综上所述，球磨硫酸改性可以显著提高白云鄂博稀土精矿制备脱硝催化剂的 NO_x转化率。

4 Fe修饰酸改性稀土精矿催化剂的 NH_3-SCR性能研究

4.1 催化剂的制备

取经过球磨酸浸处理之后脱硝效率最高的样品10g（2号球磨2mol/L酸浸矿物），以 $FeCl_2 \cdot 4H_2O$ 作为铁源负载，分别加入0.005mol（0.99g）、0.010mol（1.99g）、0.015mol（2.98g）、0.020mol（3.98g）的 $FeCl_2 \cdot 4H_2O$ 到50mL去离子水溶液中，并记为0.005mol Fe、0.010mol Fe、0.015mol Fe、0.020mol Fe，置于磁力搅拌机搅拌15min，以便 $FeCl_2$ 溶液充分和稀土精矿接触，然后将所有样品分别置于高温高压水热釜中120℃保温12h，取出后经过水洗至中性然后在烘箱中90℃烘干。统一以300℃焙烧2h，制得稀土精矿负载Fe型催化剂并进行催化活性脱硝实验；将负载Fe之后 NO_x 转化率最高的样品重新制备，分别置于马弗炉中以200℃、400℃焙烧2h，得到相同掺入量、不同焙烧温度的样品。

4.2 Fe修饰酸改性稀土精矿催化剂的活性评价

图4-1是催化剂的活性测试数据。从图4-1（a）和图4-1（b）两张图中都可以看出，经过球磨酸化改性处理的稀土精矿催化活性只有60%，在300℃之后催化活性升高趋势增强，是因为随着反应温度升高，稀土精矿中 $CeCO_3F$ 会分解生成 CeO_2 同时改性之后的催化剂比表面积增大、孔隙增多，均有利于催化脱硝，在450℃到达催化活性峰值随后开始下降，这是因为在高温下表面的稀土氧化物发生烧结现象。由图4-1（a）可知，相比球磨酸化改性的稀土矿物，改性之后负载Fe的催化剂的活性再一次明显得到提升，在200℃之后脱硝效率提升明显，当负载量为0.005mol时，催化

剂脱硝活性得到提升，在400℃达到峰值但随后快速下降，在450℃时仅有40%；当负载量为0.010mol时，活性在400℃达到最高值，随后也有下降；当负载量为0.015mol时，活性在450℃达到最高，最高值为86%，在500℃时也有下降，达到70%；当负载量为0.020mol时，催化剂的活性并没有继续增长，说明合适的负载量才可以使脱硝效率最大化，活性在400℃达到最高值，450℃时明显下降，这可能是因为过高的Fe负载量会形成聚集态，覆盖了矿物中的活性物质，从而降低脱硝效率，可见合适的Fe负载量才可以使脱硝效率最大化。从图4-1（b）中分析，当Fe负载量固定但焙烧温度不同时，发现催化剂的脱硝效率变化幅度较大；当焙烧温度是200℃时，催化活性相比仅酸化改性的催化剂也大幅提高，但在400℃便达到峰值随后下降；焙烧温度是400℃时，脱硝效率仅不到60%，说明焙烧温度不是越高越好，主要是因为 $FeCl_2$ 经过焙烧之后形成 Fe_2O_3，发生烧结现象并堵塞部分孔隙降低催化反应场所，同时对表面的稀土氧化物产生包裹，抑制催化活性。结合实验结果分析，证明水热法负载Fe可以明显提高催化效率，提前并拓宽催化反应温度窗口，这可能是因为Fe、Ce两种物质发生联合作用，形成部分Fe-Ce固溶体；但是催化剂活性的最佳温度和活性窗口期仍有进一步提升的空间，下一步负载金属Cu以期提高催化活性和拓宽温度窗口。

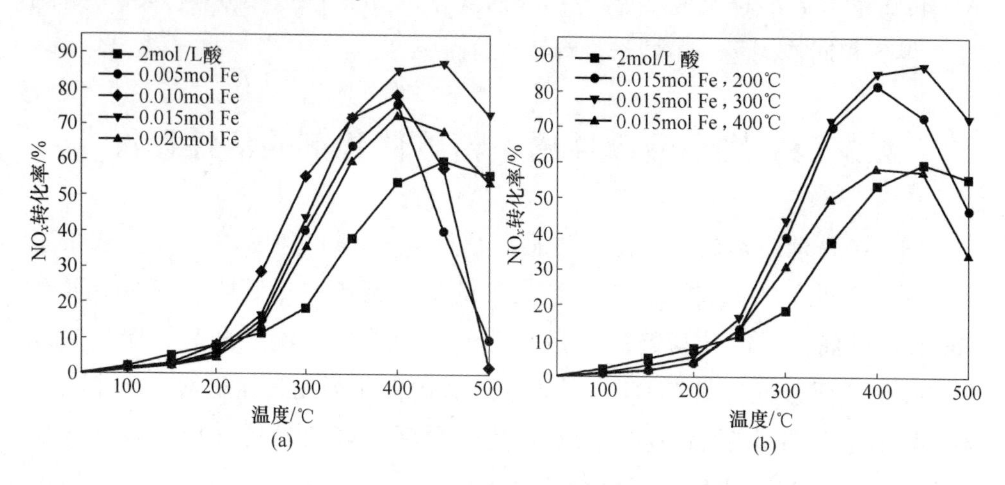

图4-1 NO_x 转化率图

（a）负载不同物质的量的Fe；（b）负载相同物质的量的Fe、不同温度焙烧

4.3　Fe 修饰酸改性稀土精矿催化剂的物理化学性质

4.3.1　催化剂的表面晶相分析

如图 4-2 所示是酸化改性稀土精矿负载 Fe 的催化剂 XRD 图谱，可知 2mol/L 硫酸处理的样品，氟碳铈矿（$CeCO_3F$）、独居石（$CePO_4$）、萤石（CaF_2）相比稀土精矿原矿都大大减少；$CePO_4$ 峰的结晶度变低，进一步提高 Ce 元素的分散性，提高脱硝效率；还暴露出 Fe_2O_3，一般所有 Fe 物种对于 NH_3-SCR 脱硝都具有活性。由图 4-2 可以看出经过水热法负载 Fe 处理之后，相比仅酸化改性处理，$CaSO_4$、$CePO_4$ 的峰强度进一步增强，是因为矿物经水热高压后暴露出更多活性物种。用 $FeCl_2$ 溶液负载 Fe 元素，经过焙烧之后，XRD 图谱并没有检测到 $FeCl_2$ 衍射峰，因为 $FeCl_2$ 转变为 Fe_2O_3；不论 $FeCl_2$ 以 Fe^{2+} 还是 Fe^{3+} 形式附着在催化剂表面，都对催化活性有提高作用；从图 4-2 中可以看出负载 Fe 的 XRD 图谱，矿物表面 Fe_2O_3 的衍射峰强度变弱且半峰宽变大，说明在 Fe_2O_3 在矿物表面的结晶度小、分散性好，没有形成团聚，这与 SEM 中观察一致。在图谱中出现 Fe_2O_3 与 Ce_7O_{12} 的复合峰，

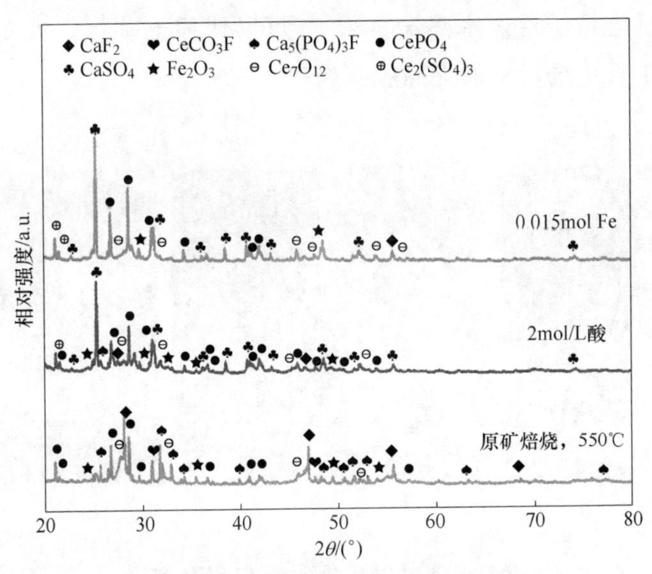

图 4-2　酸化改性稀土精矿负载 Fe 的催化剂 XRD 图谱

与酸化之后的图谱相比，Ce_7O_{12}衍射峰发生偏移且增多，说明在 $CeCO_3F$ 分解过程中，Ce_2O_3 会转化为 Ce_7O_{12}，两者衍射峰的位置十分接近[68]。在高温焙烧作用下，$FeCl_2$ 分解的同时，稀土矿物也在发生分解，使矿物表面发生缺陷并产生晶格畸变，可能生成部分 Fe-Ce-O 复合氧化物。分析 XRD 图谱，活性组分在矿物表面分布更分散更均匀，所以负载 Fe 之后的催化活性迅速提升，与催化脱硝实验相对应。

4.3.2 催化剂的表面形貌及能谱

图 4-3 为稀土精矿样品经过不同处理手段的表面形貌图像，图 4-3（a）是原矿焙烧样品，其表面呈现裂纹。图 4-3（b）是 2mol/L 硫酸处理的样品，矿物表面缺陷增多变得十分粗糙，存在部分小团聚，生成大量孔隙，矿物天然骨架仍然存在。图 4-3（c）是酸化改性稀土精矿负载 Fe 的矿物表面结构，$FeCl_2$ 溶液呈中性，对矿物没有进一步腐蚀，但矿物表面颗粒明显变大、表面粗糙、呈小球状，是因为 Fe_2O_3 产生聚集体促使比表面积再次增大，与 BET 测试符合，这种聚集体容易使 Fe 和 Ce 充分接触形成 Fe-Ce 复合氧化物，增加催化反应的活性位点。与原矿相比，酸处理和负载 Fe 的样品的孔洞明显增大，这是因为 $FeCl_2$ 在焙烧过程中结晶水快速蒸发导致矿物表面崩塌。综上所述，稀土精矿通过水热法负载 Fe 可以使稀土矿物比表面积增大、孔隙增多，增加反应场所从而提高脱硝效率。

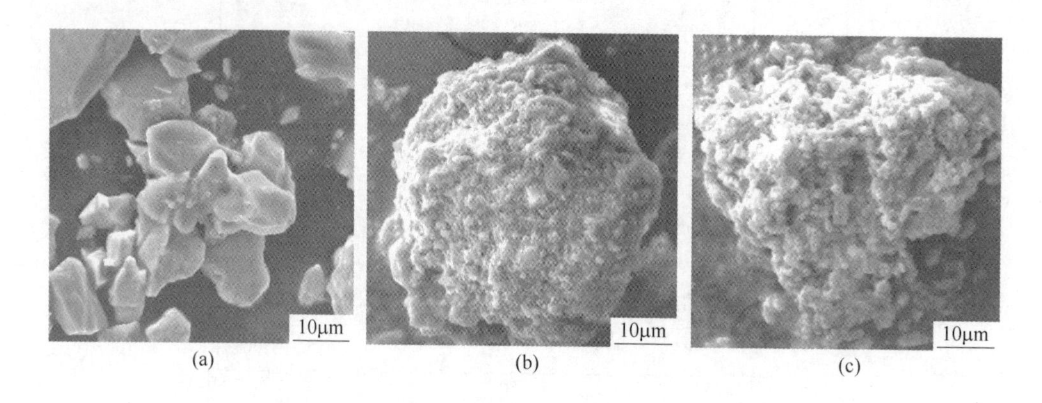

图 4-3 稀土精矿负载 Fe 的 SEM 图谱

（a）原矿焙烧；（b）2mol/L 酸；（c）0.015mol Fe

图4-4为酸化改性稀土精矿负载Fe的EDS图谱，对比经过酸化改性之后的催化剂，Ce、Fe、La等活性物质分散性更好、更加均匀；Ce、Fe和O元素重合度较高，可能产生Fe-Ce-O复合氧化物，有利于NH_3-SCR脱硝；其中Ce的分散性明显优于原矿、更加均匀，除少数聚集体外，Fe物种含量增多，总体也是均匀分布，这也是脱硝性能提升明显的原因。

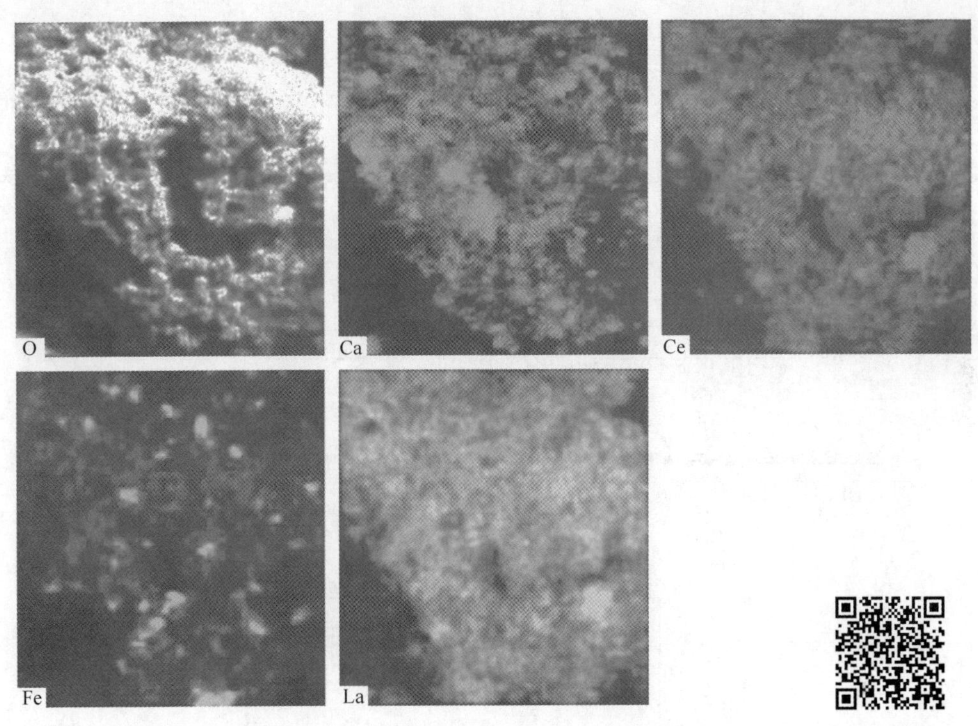

图4-4 0.015mol Fe样品的EDS图谱

图4-4彩图

4.3.3 催化剂的比表面积及孔径

表4-1是通过BET测试经过水热法负载Fe物种处理之后稀土矿物催化剂的比表面积、孔体积相比原矿明显增加，比表面积达到30.7m^2/g，但平均孔径却减小，这是因为酸化焙烧之后的孔径被Fe_2O_3覆盖。图4-5是催化剂的N_2吸脱附曲线和孔径分布图，原矿焙烧样品的矿物表面相对平整，所以比表面积很小且吸脱附值较小。球磨酸浸后，矿物被撞击之后粒径不断减少而暴露出更多新的矿物表面，矿物的比表面积、孔体积、平均孔径都大幅增加。经过酸浸之后负载Fe，催化剂的比表面积和孔隙都明显变大，所以吸脱

表 4-1 催化剂的 BET 分析

样　品	比表面积/$m^2 \cdot g^{-1}$	孔体积/$mL \cdot g^{-1}$	平均孔径/nm
原矿焙烧	3.1	0.02	9.3
2mol/L 酸	8.3	0.04	20.2
0.015mol Fe	30.7	0.06	8.1

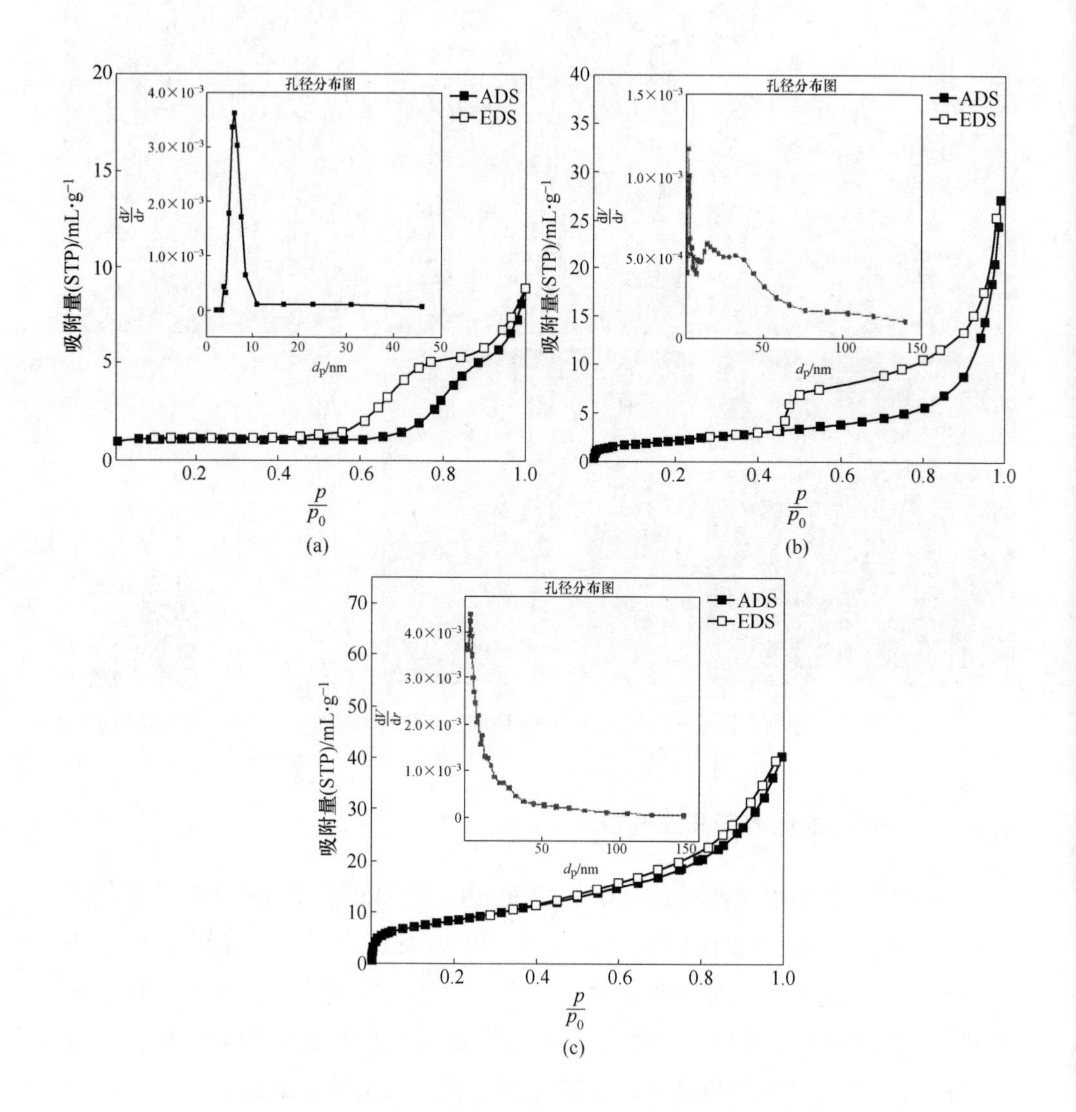

图 4-5 稀土精矿负载 Fe 的 N_2 吸脱附曲线

(a) 原矿焙烧；(b) 2mol/L 酸；(c) 0.015mol Fe

附值增大。催化剂均属于典型的Ⅳ型等温线，这意味着催化剂拥有大量介孔（2~50nm）[64]。所有催化剂样品的等温线都呈现典型的 H3 滞回环，2mol/L 样品的相对压力在 0.4 以后吸附量急剧升高，说明酸改性后催化剂拥有更多的介孔；负载 Fe 之后的催化剂，相对压力在 0.4 以后就快速提高并且没有吸脱附限制，说明孔隙和孔径增多。分析孔径分布图，酸处理后催化剂的孔径分布在 2~40nm，而负载 Fe 后催化剂的孔径分布主要在 8~25nm，进一步得到拓宽。负载 Fe 物种后，较大的比表面积和较宽的孔径分布可以改善吸附反应气体和孔隙扩散，所以催化剂脱硝活性大幅度增加[65]。

4.3.4　催化剂的表面氧化还原特性分析

图 4-6 是样品的 H_2-TPR 曲线，催化剂还原峰出现的位置和峰面积代表其氧化还原能力。对比原矿焙烧催化剂，酸化改性之后的催化剂还原能力增强，两处还原峰位均向低温方向移动。2mol/L 样品中 481℃处的峰是 SO_4^{2-} 和 Ce 之间的交互作用形成的 $Ce_2(SO_4)_3$ 的还原峰。798℃处的峰为体相 CeO_2 的还原峰[54]，对应 $Ce^{4+}\rightarrow Ce^{3+}$，与原矿焙烧催化剂相比向低温段偏移，表明硫酸酸化能够提高催化剂的氧化还原能力。负载 Fe 样品中，485℃处的峰面积明显大于仅酸浸处理的样品，这是因为此处的峰是 SO_4^{2-} 和 Ce 形成的 $Ce_2(SO_4)_3$ 而且归结于 Fe_2O_3 与稀土矿物中的 Ce 结合，对应 $Fe_2O_3\rightarrow Fe_3O_4\rightarrow FeO\rightarrow Fe$ 的过程[68]，结合 XRD 与 SEM 图谱分析，Fe 与 Ce 可能形成 Fe-Ce

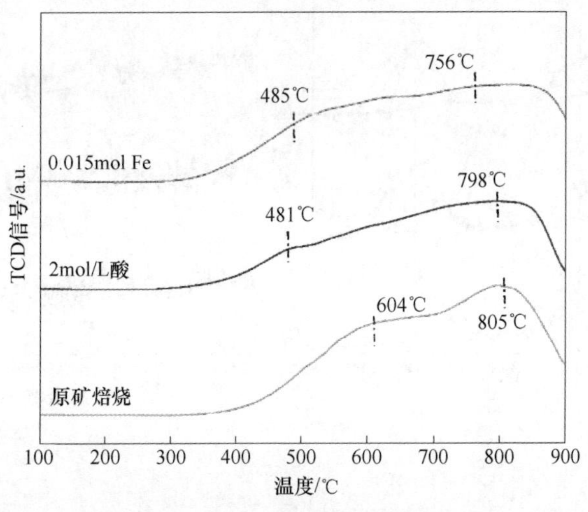

图 4-6　稀土精矿负载 Fe 的 H_2-TPR 图

复合氧化物。随着温度继续升高，在756℃的峰是 CeO_2 的还原峰，对应 $Ce^{4+}\rightarrow Ce^{3+}$，与酸浸焙烧催化剂相比再次向低温段偏移，与催化反应相对应，说明酸浸之后负载Fe更加有利于 NH_3-SCR 催化反应。

4.3.5 催化剂的XPS分析

图4-7是稀土精矿负载Fe催化剂的Ce 3d、Fe 2p、O 1s的XPS图谱。图4-7（a）是催化剂Ce 3d的XPS图谱，Ce元素主要以两种价态存在于催化剂表面，在v(882.4eV)、v″(887.1eV)、v‴(902.7eV)、u(900.6eV)、u″(906.4eV)、u‴(917.0eV)处的是 Ce^{4+} 的特征峰；Ce^{3+} 的特征峰出现在v′(885.1eV)、u′(904.6eV)等。表4-2列出了分别计算出的不同价态的元素峰的占比。球磨硫酸处理之后，对比原矿焙烧样品，其 Ce^{3+} 相对含量明显增加，经过负载Fe之后的催化剂的 Ce^{3+} 含量下降，即 Ce^{4+} 含量增多，这是因为Fe物种的加入促进了Ce元素价态 $Ce^{3+}\rightarrow Ce^{4+}$ 的转换，Ce^{4+} 含量的增多更有利于催化剂表面氧的储存和释放[54]，这是稀土精矿酸化改性负载Fe之后催化剂 NO_x 转化率提高的重要原因。

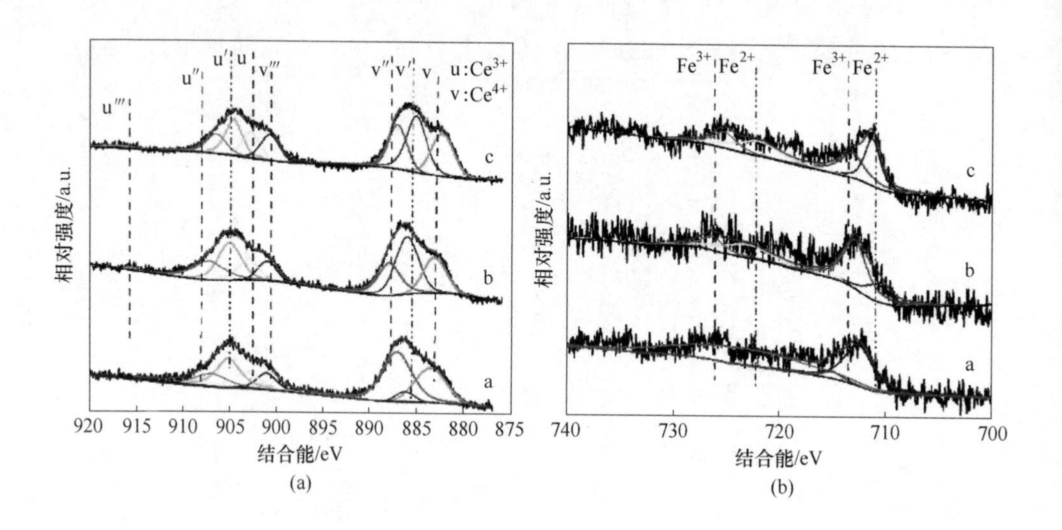

(a)

(b)

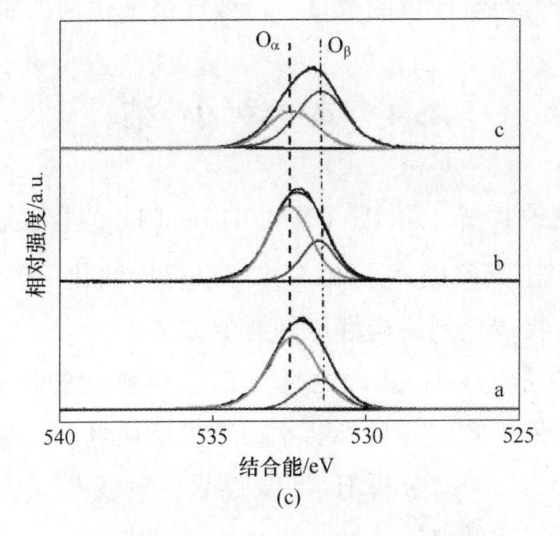

图 4-7 彩图

图 4-7　稀土精矿负载 Fe 的 XPS 图谱

(a) Ce 3d；(b) Fe 2p；(c) O 1s

a—原矿焙烧；b—2mol/L 酸；c—0. 015mol Fe

表 4-2　稀土精矿负载 Fe 的不同价态元素峰占比

样　品	峰面积(Ce^{3+}/Ce^{3+} + Ce^{4+})/%	峰面积(Fe^{2+}/Fe^{2+} + Fe^{3+})/%	峰面积(O_β/O_α + O_β)/%
原矿焙烧	19. 9	52. 3	23. 7
2mol/L 酸	42. 3	62. 4	30. 6
0. 015mol Fe	36. 9	55. 8	63. 0

图 4-7（b）是催化剂 Fe 2p 的 XPS 图谱。根据先前的研究，Fe 元素主要以两种价态存在于催化剂表面，711. 3eV 和 722eV 左右的峰归属于 Fe^{2+}，位于 713. 6eV 和 725. 2eV 的峰归属于 Fe^{3+}。2mol/L 的催化剂样品中，Fe^{2+}的峰面积占比为 62. 4%，负载 Fe 之后催化剂的 Fe^{2+}峰面积占比为 55. 8%，即 Fe^{3+}含量增多 6%，说明矿物表面 Fe_2O_3 形式的 Fe 物种变多，催化剂氧化性增强；总之，Fe^{3+}与 Fe^{2+}之间价态转换有利于催化剂的脱硝性能。

图 4-7（c）是催化剂 O 1s 的 XPS 图谱。根据相对峰面积计算得到吸附氧与晶格氧的相对含量列于表 4-2 中。酸浸改性的样品晶格氧的比例为 30. 6%，负载 Fe 之后的催化剂样品的晶格氧的比例含量增加至 63. 0%，峰面积也明显增大，说明 Fe 和 Ce 之间存在的价态转换可以促进氧物种之间的转换，使晶格氧含量大幅提升，即活性氧增多。据文献报道，吸附氧和晶格

氧之间的转换可以增加活性氧的数量，有效提高催化剂的脱硝效率[68]。

4.4 本章小结

（1）经过酸化改性稀土精矿负载 0.015mol Fe 的样品，NO_x转化效率最高，达到 86%，相比原矿提高了 67%，可以得出酸化改性稀土精矿负载 Fe 物种是提高稀土矿物催化剂脱硝性能的有效方法。

（2）通过水热法负载 Fe 处理之后可以发现矿物的比表面积成倍增加，矿物表面 Fe_2O_3 有聚集效应并呈小球状，增加反应场所，表面活性物质分散和酸浸之后样品较为均匀。分析 H_2-TPR 结果，负载 Fe 之后的催化剂的氧化还原能力增强并再次向低温区移动。

（3）从 XPS 结果可以看出，矿物负载 Fe 物种之后，催化剂活性组分仍然以 Ce^{3+} 和 Ce^{4+}形式共存，Ce^{3+} 含量减少，这是经过负载 Fe 之后元素总量变化所致，同时 Fe 以 Fe^{2+} 和 Fe^{3+}形式共存，以 Fe^{3+} 主导，同样有所减少，也是因为 Fe 物种的总量得到增加，晶格氧从酸浸之后的 30.6% 提高到 63.0%，增幅十分明显，说明 Fe、Ce 元素的价态转化大幅进行，这有利于产生 Fe-Ce 协同作用，从而提高催化剂的 NO_x转化率。综上所述，水热法负载 Fe 对稀土精矿的催化脱硝活性有显著提升，但是脱硝窗口靠后，仍需要进一步提前和拓宽温度窗口。

5 Cu-Fe 修饰酸改性稀土精矿催化剂的 NH_3-SCR 性能研究

5.1 催化剂的制备

取球磨酸浸改性之后脱硝效率最高的样品 10g（2 号球磨 2mol/L 酸浸矿物），先固定负载 Fe 的含量为 0.015mol(2.98g) 的 $FeCl_2 \cdot 4H_2O$ 加入 50mL 溶液中，再以 $Cu(NO_3)_2 \cdot 3H_2O$ 作为铜源负载，按负载源中 Cu 与 Fe 物质的量比为 0.5、0.75、1、1.25 分别加入相应质量为 0.79g、1.19g、1.58g、1.98g 的 $Cu(NO_3)_2 \cdot 3H_2O$ 至 50mL 溶液中，将样品记为 Cu/Fe(0.5)、Cu/Fe(0.75)、Cu/Fe(1)、Cu/Fe(1.25)，并置于磁力搅拌机搅拌 15min，以便 $FeCl_2$ 和 $Cu(NO_3)_2$ 充分溶解和稀土精矿接触反应。然后将所有样品分别置于高温高压水热釜中 120℃保温 12h，取出后经过水洗至中性然后在烘箱中 90℃烘干，以 300℃焙烧 2h，制得稀土精矿负载 Cu、Fe 型催化剂并进行催化活性脱硝实验。将负载 Cu、Fe 型催化活性最高的催化剂样品重新制备，分别置于马弗炉中以 200℃、400℃焙烧 2h，得到相同掺入量、不同焙烧温度的最佳催化剂样品。

5.2 催化剂的活性评价

图 5-1 为改性稀土精矿负载 Cu、Fe 的催化剂活性测试图。从图 5-1（a）和图 5-1（b）中都可以看出，经过改性稀土精矿负载 Fe 的催化活性有 86%，在 200℃之后催化活性升高趋势增强，是因为随着反应温度升高，稀土精矿中 $CeCO_3F$ 会分解生成 CeO_2；Fe 物种的加入可以促进 Ce^{3+} 向 Ce^{4+} 转换，而负载 Fe 物种之后的催化剂比表面积、活性位点和活性成分均增多，有利于催化脱硝；在 400℃到达催化活性峰值随后开始下降，这是因为在高温下稀

土矿物表面负载的 Fe 物种发生烧结现象覆盖活性位点，并造成孔隙堵塞。相比改性稀土精矿负载 Fe 的催化剂，改性之后负载 Cu、Fe 的催化剂活性再一次明显得到提升并且脱硝窗口前移，在 150℃之后脱硝效率提升明显，这是因为 Cu 物种的引入可以提高催化剂在低温阶段的 NO_x 转化率，当 $n(Cu)/n(Fe)$ 为 0.5 时，催化剂脱硝活性得到提升，在 400℃达到峰值但随后快速下降，450℃已经下降至 30%；当 $n(Cu)/n(Fe)$ 为 0.75 时，150℃催化活性明显高于其他样品，活性在 350℃达到最高值 96%，随后仅有略微下降，在 300~400℃脱硝效率均在 90%以上；当 $n(Cu)/n(Fe)$ 为 1 时，活性在 350℃达到最高，最高值为 80%，在 400℃时也有下降，达到 70%，下降较为缓慢；当 $n(Cu)/n(Fe)$ 为 1.25 时，催化剂活性在 350℃时为 88%，在 400℃催化活性有所降低，450℃迅速降至 40%，这可能是因为过高的 $n(Cu)/n(Fe)$ 联合负载量过多掩盖了矿物中的活性物质，减少了反应场所，从而降低了脱硝效率，可见 Fe 物种负载量固定、$n(Cu)/n(Fe)$ 为 0.75 是最佳工况。当 $n(Cu)/n(Fe)$ 负载工况确定、焙烧温度不同时，催化剂的 NO_x 转化率变化较大。当催化剂焙烧温度为 200℃时，脱硝效率在 300~350℃都在 80%以上，之后随着继续升温，催化活性快速下降，在 450℃时仅有 36%；当催化剂焙烧温度是 400℃时，脱硝效率在 350℃达到 85%，继续升温，催化剂活性则快速下降，主要是因为 $FeCl_2$ 和 $Cu(NO_3)_2$ 经过焙烧之后形成 Fe_2O_3 和 CuO，发生烧结并使稀土矿物的孔隙崩塌，同时包裹表面的稀

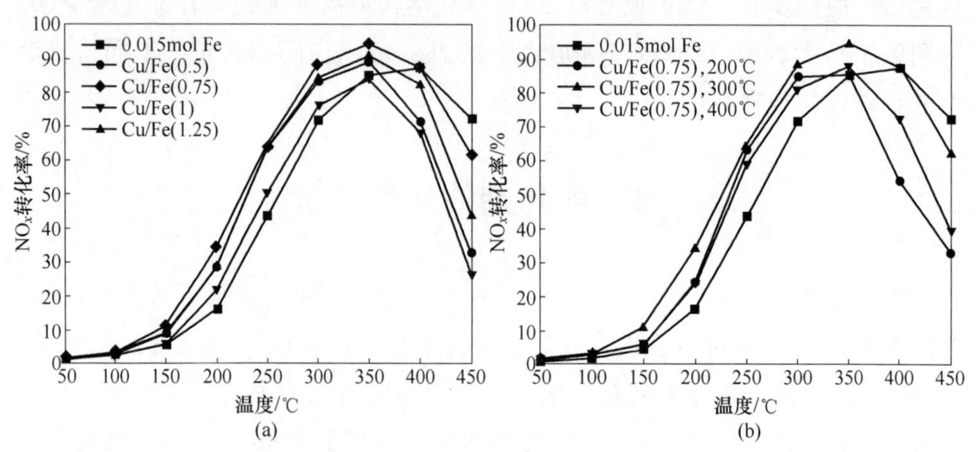

图 5-1 改性稀土精矿负载 Cu、Fe 的催化剂活性测试图

(a) 负载不同的 $n(Cu)/n(Fe)$；(b) 负载相同的 $n(Cu)/n(Fe)$、不同温度焙烧

土氧化物，抑制催化活性。结合实验结果分析，证明水热法负载 Cu、Fe 可以明显提高催化效率，大幅提前和扩宽温度窗口；这是因为 Fe、Cu、Ce 三种元素均有利于脱硝，在一定程度上此三种物质发生协同作用，说明合适的 Cu 与 Fe 物质的量比可以促进 NH_3-SCR 催化反应。

5.3 Cu-Fe 修饰酸改性稀土精矿催化剂的物理化学性质

5.3.1 催化剂的物相结构分析

如图 5-2 所示为酸化改性稀土精矿负载 Cu、Fe 的催化剂 XRD 图谱，经过水热法负载 Fe 处理之后，$CaSO_4$、$CePO_4$ 的峰强度进一步增强，因为矿物经水热高压后暴露出更多。矿物表面的 Fe 物种不论 $FeCl_2$ 是以 Fe^{2+} 还是 Fe^{3+} 形式附着在催化剂表面，都对催化活性有提高作用；矿物表面 Fe_2O_3 的衍射峰强度变弱且半峰宽变大，说明 Fe_2O_3 在矿物表面的结晶度小、分散性好，这与 SEM 中观察一致。Cu、Fe 共同负载的催化剂 XRD 图谱中，Fe_2O_3、$CePO_4$、Ce_7O_{12} 的衍射峰强度都有所减弱，CuO 的衍射峰强度较弱，说明经过水热高压负载 $Cu(NO_3)_2$ 后，Cu^{2+} 以 CuO 形式在矿物表面高度分散，或者

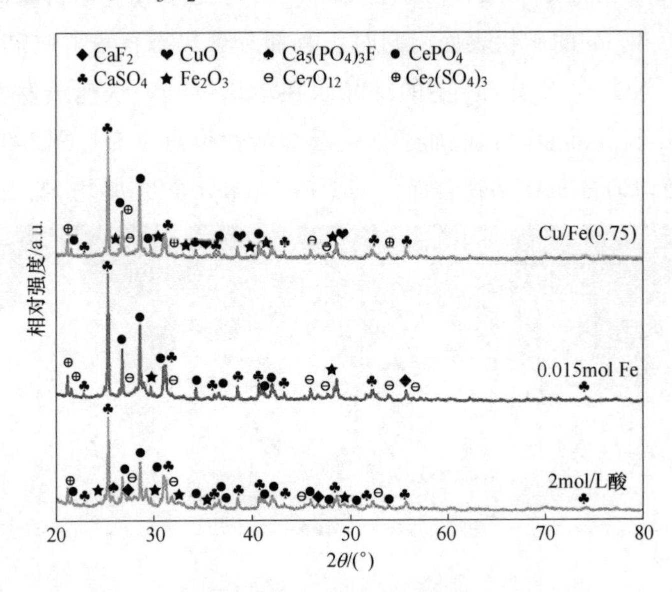

图 5-2 稀土精矿负载 Cu、Fe 的 XRD 图谱

形成了铜氧化合物的微晶及颗粒[69]，只有少部分形成聚集状态并促进了 Fe 物种的分散[64]，可以使催化剂在低温阶段和中高温都具有优异的催化活性。在 $2\theta=48°\sim50°$ 处出现 Fe_2O_3、CuO 和 Ce_7O_{12} 的衍射峰并发生略微偏移，说明 Cu、Fe 共同负载过程中，矿物表面可能发生了 Cu、Fe 和 Ce 的结合，同时峰强度较低，说明分布均匀。综上所述，分析 Cu、Fe 共同负载 XRD 图谱，活性组分在矿物表面分布更分散且更多，这是水热负载 Cu、Fe 过渡金属之后催化活性迅速提升并且脱硝温度窗口拓宽和前移的主要原因。

5.3.2　催化剂的表面形貌及能谱

图 5-3 为稀土精矿样品经过不同处理手段的表面形貌，图 5-3（a）是 2mol/L 的催化剂样品，矿物比表面积增大、孔洞增多，矿物基本结构仍然存在。图 5-3（b）是酸化改性稀土精矿负载 Fe 的矿物表面的微观结构，矿物表面颗粒明显变大、表面粗糙呈波浪状，因为 Fe_2O_3 产生聚集体促使比表面积再次增大，出现中孔结构的同时增加了催化反应场所和活性位点。图 5-3（c）为酸化改性稀土精矿负载 Cu、Fe 两种过渡金属的 SEM 图像，与图 5-3（a）表面形貌接近，但表面微小颗粒明显增多导致矿物比表面积再次增大，这是因为 $Cu(NO_3)_2$ 溶液是弱酸，对矿物表面仍有一定侵蚀。矿物表面中小孔隙明显多于单负载 Fe 的矿物表面，同时仍有部分聚集态覆盖矿物和中孔孔洞，这是因为 $Cu(NO_3)_2$ 和 $FeCl_2$ 中的结晶水在焙烧过程中快速蒸发引起孔洞坍塌并附着在孔洞内部表面，增加了催化反应活性位点。对比图 5-4 EDS图谱，发现 Cu 物种均匀分布在矿物表面，Fe、Ce 整体分布更加均匀，促进 Fe_2O_3

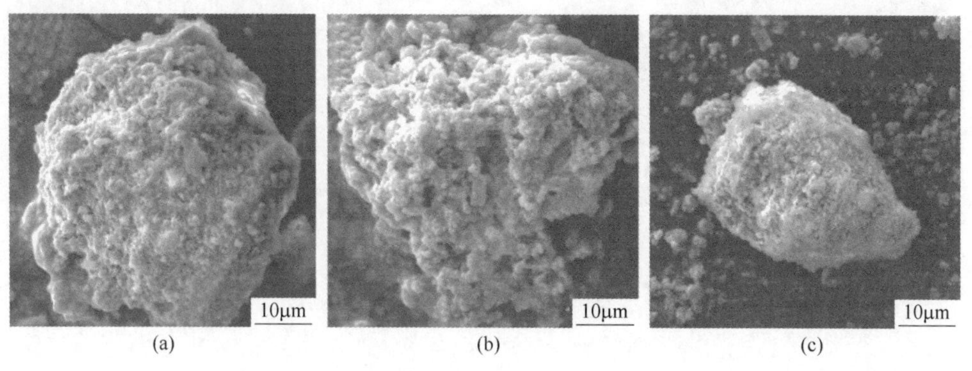

图 5-3　稀土精矿负载 Cu、Fe 的 SEM 图谱

（a）2mol/L 酸；（b）0.015mol Fe；（c）Cu/Fe(0.75)

的分布，仍有聚集现象且有重叠部分，说明铜铁铈三种元素发生协同作用，所以脱硝效果最好。

图 5-4 为稀土精矿负载 Cu、Fe 的 EDS 图谱，对比经过酸化改性之后的催化剂，Cu、Ce、Fe 等活性物质分散更加均匀；O、Fe 和 Ce 元素重合度较高，可能产生协同作用，有利于 NH_3-SCR 脱硝；其中 Cu 优异的分散性主要提高了低温阶段的催化活性。

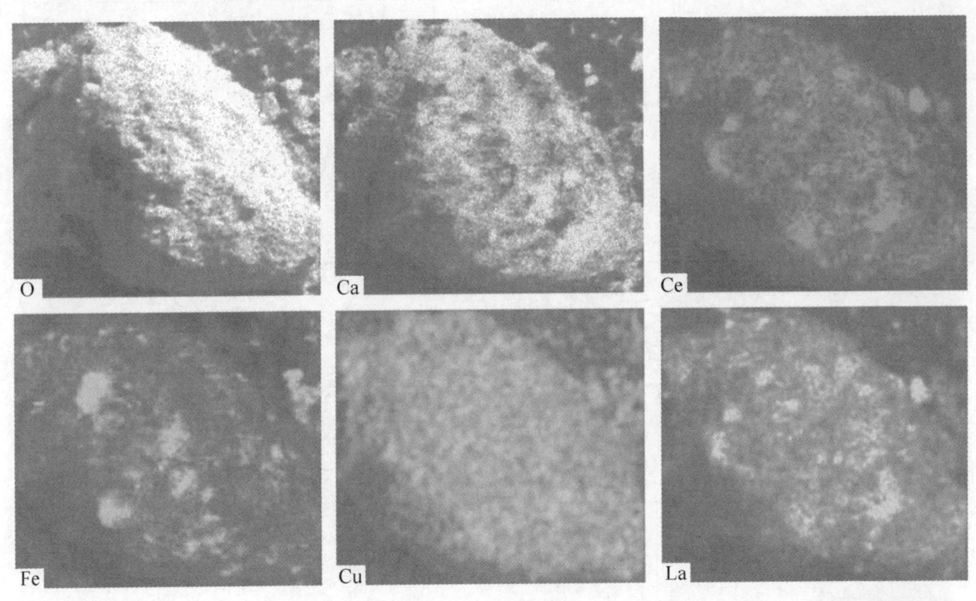

图 5-4　Cu/Fe(0.75) 样品的 EDS 图谱

图 5-4 彩图

5.3.3　催化剂的比表面积及孔径

表 5-1 列出了催化剂所测得的比表面积和孔容等数据，通过测试发现，经过水热法负载 Cu、Fe 过渡金属处理之后矿物的比表面积、孔体积相比单负载 Fe 明显增加，因为双金属负载在矿物表面产生更多的小颗粒导致表面更加粗糙；比表面积增加到 45.6m^2/g，但平均孔径却减小，这是因为酸化焙烧之后，孔径被 Fe_2O_3 和 CuO 覆盖或者在焙烧中孔隙坍塌。图 5-5 是催化剂的 N_2 吸脱附等温线和孔径分布图，经过酸浸之后负载 Fe，矿物比表面积明显增大，所以吸脱附值增大；负载 Cu、Fe 双金属之后矿物表面的小孔更多，因为 Cu 物种有部分附着在孔洞内，但是小孔体积更大，因为硝酸铜溶液酸性对矿物仍有一定侵蚀，从而更有利于催化活性的提高。催化剂样品均

表 5-1 催化剂的 BET 分析

样 品	比表面积/$m^2 \cdot g^{-1}$	孔体积/$mL \cdot g^{-1}$	平均孔径/nm
2mol/L 酸	8.3	0.04	20.2
0.015mol Fe	30.7	0.06	8.1
Cu/Fe(0.75)	45.6	0.08	6.8

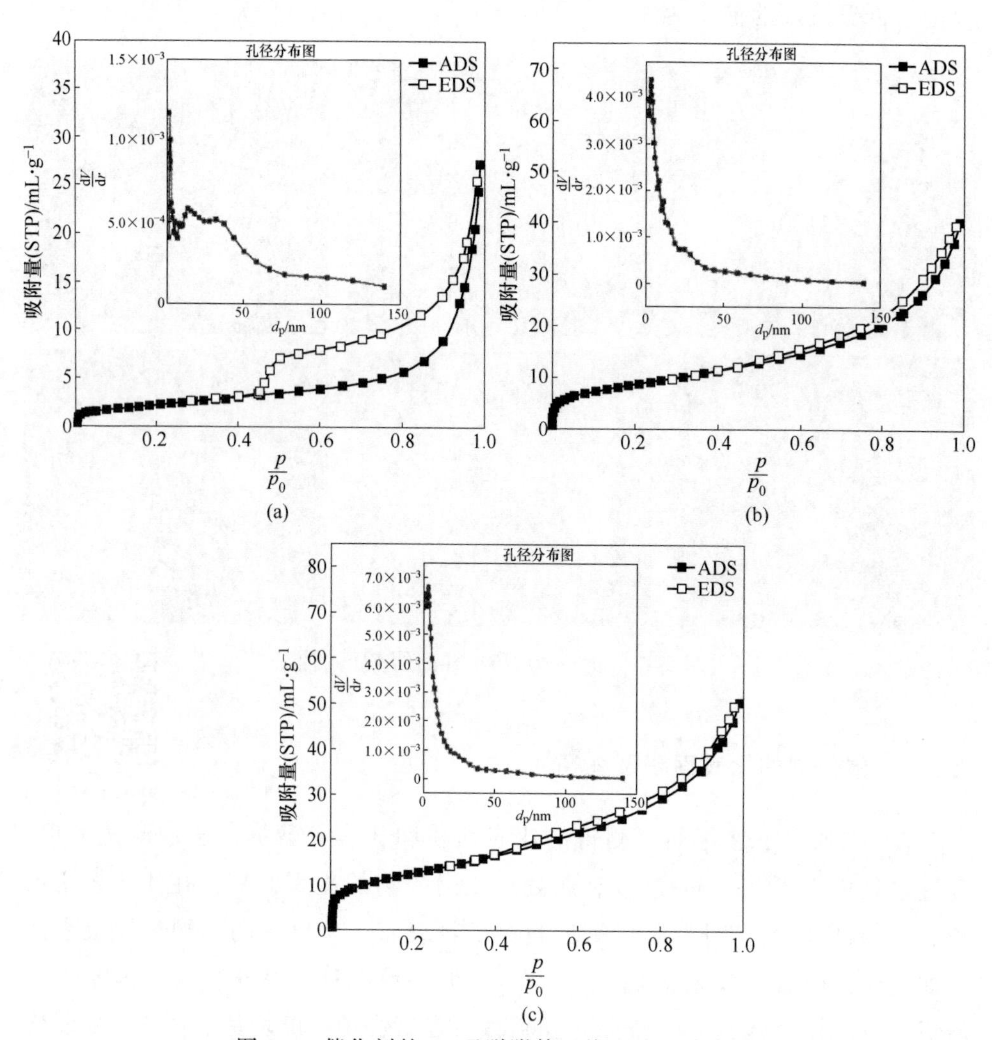

图 5-5 催化剂的 N_2 吸脱附等温线和孔径分布图

(a) 2mol/L 酸；(b) 0.015mol Fe；(c) Cu/Fe(0.75)

属于典型的Ⅳ型等温线，其等温线又呈 H3 型滞后环，这意味着大量介孔（2~50nm）存在于其中[54]。硫酸处理的矿物催化剂的闭合点在 0.4(p/p_0)；

负载 Fe 和 Cu、Fe 的催化剂在压力较高区域依然没有表现出任何吸附限制，吸附量一直增大。由孔径分布图可见，负载 Fe 后催化剂的孔径分布主要在 8~25nm；而负载 Cu、Fe 后的催化剂的孔径分布主要在 20nm 以下。较高的比表面积有助于吸附 NH_3 和 NO_x，孔洞中的活性成分和矿物表面活性位点有利于催化反应，催化剂脱硝活性大幅度增加。

5.3.4 催化剂表面氧化还原性能分析

图 5-6 是样品的 H_2-TPR 曲线，负载 Fe 的两处还原峰位均向低温方向移动，氧化还原能力增强。503℃处的峰面积明显大于球磨酸浸处理的样品，这是因为此处的衍射峰不仅仅是 SO_4^{2-} 和 Ce 形成的 $Ce_2(SO_4)_3$ 而且归结于 Fe_2O_3 与稀土矿物中的 Ce 结合，对应 $Fe_2O_3 \rightarrow Fe$ 的过程，结合 XRD 与 SEM 图谱分析，Fe 与 Ce 可能形成 Fe-Ce 复合氧化物。随着温度继续升高，在 756℃的峰是 CeO_2 的还原峰，对应 $Ce^{4+} \rightarrow Ce^{3+}$。图 5-6 中 Cu/Fe(0.75) 是负载 Cu、Fe 双金属的样品曲线，从 250℃左右就开始出现峰，350℃就出现大面积峰，而 Cu^{2+} 的还原是先在低温范围内 Cu^{2+} 还原为 Cu^+，在高温范围时 Cu^+ 还原为 Cu^0[69]，此处可认为是两种价态的峰都有发生。铜离子的加入使得催化剂弱酸性位点增多[70]，而 Cu^{2+} 与其低温段的 NH_3-SCR 反应活性密切相关，Cu^{2+} 越多则催化剂的低温还原能力越强[71]。同时伴随着 SO_4^{2-} 和 Ce 形成的 $Ce_2(SO_4)_3$ 以及对应 $Fe_2O_3 \rightarrow Fe$ 的过程，这是因为 Cu、Fe 相互作用中，

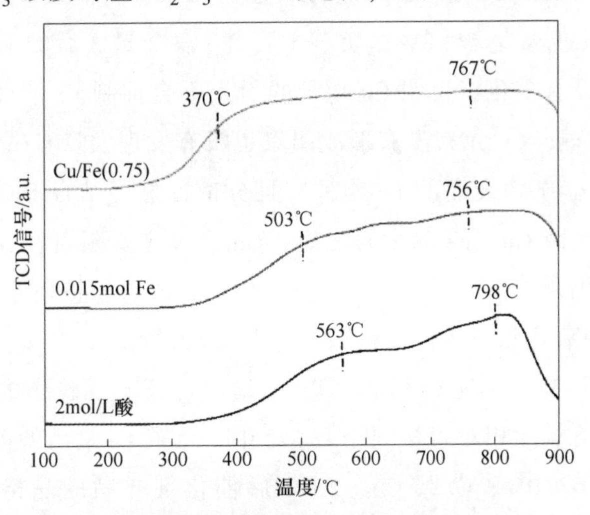

图 5-6 稀土精矿负载 Cu、Fe 的 H_2-TPR 图

Cu 可以产生原子氢流向 Fe^{3+}，加快 Fe^{3+} 在低温阶段的还原[72]；在 767℃ 的峰对应于 CeO_2 的还原峰，对应 $Ce^{4+} \rightarrow Ce^{3+}$。结合 XRD 图谱可知 Cu、Fe、Ce 三种元素发生协同作用，提高了催化剂的氧化还原能力，可以得出稀土矿物催化剂中负载 Cu、Fe 双金属更加有利于 NH_3-SCR 催化反应的结论。

5.3.5 催化剂的表面元素价态分析

图 5-7 是稀土精矿负载 Cu、Fe 催化剂的 Ce 3d，Fe 2p，O 1s 的 XPS 图谱。图 5-7（a）是催化剂 Ce 3d 的 XPS 图谱，其中 Ce^{4+} 的特征峰出现在 v(882.4eV)、v″(886.9eV)、v‴(902.6eV)、u(900.4eV)、u″(906.5eV)、u‴(915.6eV)；Ce^{3+} 的特征峰出现在 v′(885.1eV)、u′(904.7eV) 等。结果见表 5-2，根据相对峰面积计算得到 Ce^{3+} 相对含量。经过负载 Fe 之后的催化剂 Ce^{3+} 含量占比为 36.9%；经过负载 Cu、Fe 双金属之后的催化剂 Ce^{3+} 含量是 36%，说明 Cu 物种的引入没有抑制 Ce^{4+} 生成，催化剂表面 $Ce^{3+} \rightarrow Ce^{4+}$ 依然在进行，Ce 离子价态的变化往往伴随氧空位的出现，而吸附氧和晶格氧之间的变化增加了活性氧的数量，有利于催化剂表面氧的储存和释放。

图 5-7（b）是催化剂 Fe 2p 的 XPS 图谱。Fe 元素主要以两种价态存在于化合物中，711.3eV 和 720eV 左右的峰归属于 Fe^{2+}，位于 713.1eV 和 725.6eV 的峰归属于 Fe^{3+}。计算不同价态的元素峰面积得到负载 Fe 之后的 Fe^{3+} 峰面积占比仍然是 55.8%，负载 Cu、Fe 双金属之后的 Fe^{3+} 相对含量是 55.7%，几乎没有变化，说明 Cu 物种的引入不会抑制 Fe 的性能；观察 EDS 和 XRD 图谱发现，Cu 元素没有形成团聚也没有发现大量 Cu 的氧化物，说明 Cu 物种没有覆盖矿物表面的 Fe 物种，且分散性好；结合 BET 和 H_2-TPR 结果分析得出在负载 Cu、Fe 双金属之后，Cu 物种主要附着在孔洞之中，说明矿物表面主要仍是 Fe_2O_3，而 Fe^{2+} 是中间价态，既可以被还原又可以被氧化，总之 Cu、Fe 的氧化物对提高脱硝效率都是有利的。

图 5-7（c）是催化剂 O 1s 的 XPS 图谱。计算不同价态的元素峰面积得到吸附氧与晶格氧的相对含量列于表 5-2 中。负载 Fe 之后的催化剂样品的晶格氧的比例是 63.0%，负载 Cu、Fe 之后催化剂样品的晶格氧含量增加至 66.5%，峰面积继续增大，说明随着 Cu 物种的加入，Fe 和 Ce 之间存在的价

态转换没有被抑制，可以促进氧物种的转换，而吸附氧 O_α 和晶格氧 O_β 间的转换可以增加活性氧的数量，从而提高催化剂 NO_x 转化率。

图 5-7（d）为稀土精矿负载 Cu、Fe 催化材料 Cu 2p 的图谱，据研究报道[72]，934.8eV 和 956.4eV 的峰归属于 Cu^{2+}，而其他峰归属于 Cu^+，根据相对峰面积计算，Cu^{2+} 占据主导地位，含量占比为 53%，在低温下可以有效吸附 NO_x，更有利于向低温催化脱硝，与 H_2-TPR 实验结果相符。

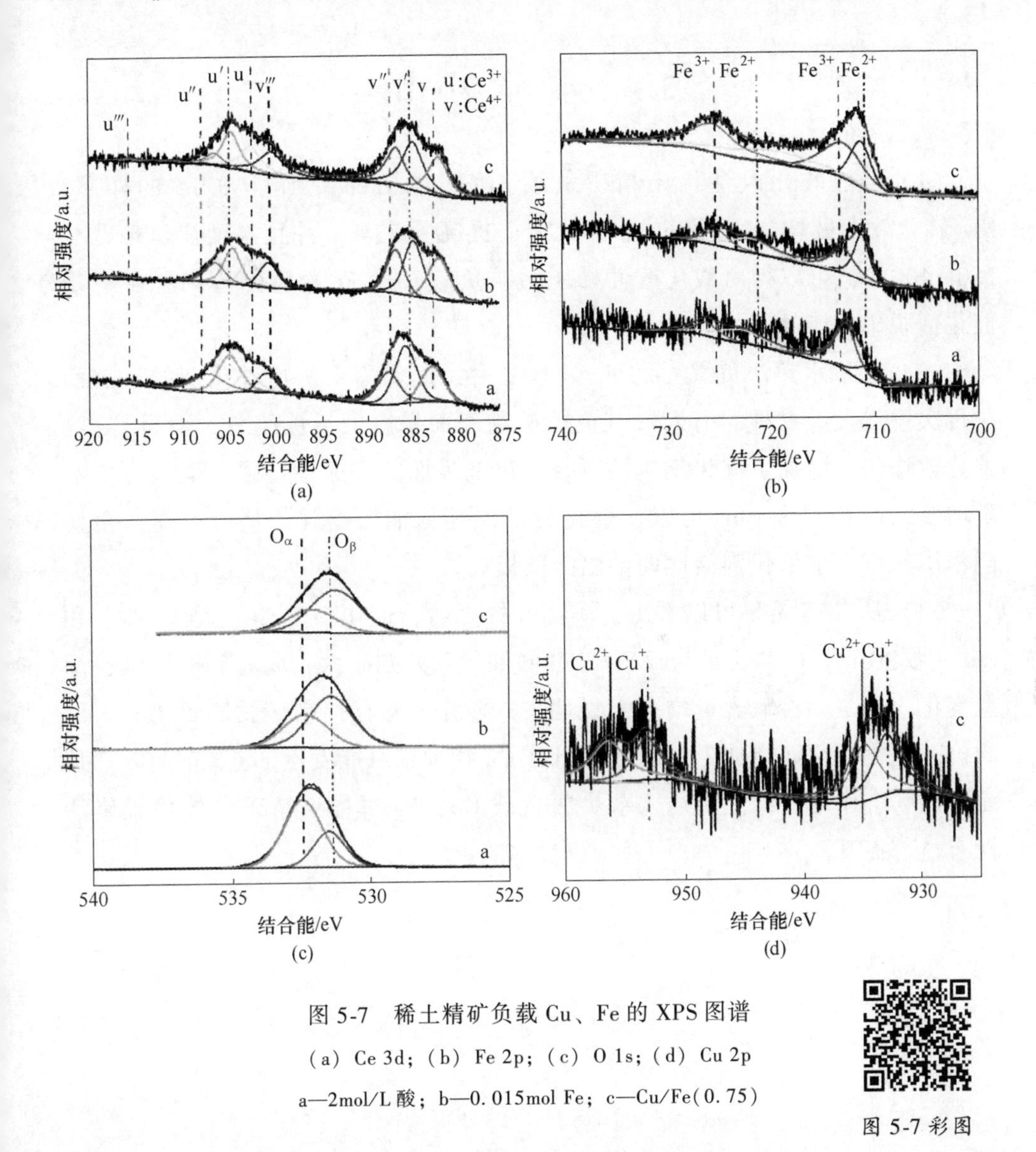

图 5-7　稀土精矿负载 Cu、Fe 的 XPS 图谱

（a）Ce 3d；（b）Fe 2p；（c）O 1s；（d）Cu 2p

a—2mol/L 酸；b—0.015mol Fe；c—Cu/Fe(0.75)

图 5-7 彩图

表 5-2 精矿负载 Cu-Fe 的元素峰面积占比

样 品	峰面积($Ce^{3+}/Ce^{3+}+Ce^{4+}$)/%	峰面积($Fe^{2+}/Fe^{2+}+Fe^{3+}$)/%	峰面积($O_\beta/O_\alpha+O_\beta$)/%	峰面积($Cu^{2+}/Cu^{2+}+Cu^+$)/%
2mol/L 酸	42.3	57.0	30.6	—
0.015mol Fe	36.9	55.8	63.0	—
Cu/Fe(0.75)	36.0	55.7	66.5	53

5.4 本 章 小 结

(1) 经过酸化改性稀土精矿负载 $n(Cu)/n(Fe)$ 之比为 0.75 的样品，NO_x转化效率最高，达到 96%，相比原矿提高了 77%，并且温度窗口拓宽至 250~400℃，可以得出酸化改性稀土精矿负载 Cu、Fe 物种是提高稀土矿物催化剂脱硝性能的有效方法。

(2) 通过水热法负载 Cu、Fe 处理之后，发现稀土矿物催化剂的比表面积再次增加，铜物种的引入没有覆盖矿物表面暴露的活性组分，而且 Cu 物种分散均匀，增加了催化反应场所。催化剂表面的还原性增强、酸性位点数量增多，而 Cu^{2+}和 CuO 可以使催化的低温还原能力增强，从而可能产生协同作用，有利于催化剂活性向低温阶段提高。

(3) 从 XPS 结果可以看出，矿物改性之后，催化剂中 Ce 元素以 Ce^{3+}和 Ce^{4+}形式共存，Ce^{3+}含量与仅负载 Fe 的催化剂差别不大，同时 Fe^{3+}含量也没有变化，但是晶格氧含量增多，说明 Cu 的引入没有抑制矿物表面 Ce 和 Fe 的价态变化，反而增加了新的活性组分 Cu 物种，可能发生 Fe、Cu、Ce 三种元素的联合作用。综上所述，水热法负载 Cu、Fe 对稀土精矿的催化脱硝活性有显著提升。

第2篇　独居石精矿表面修饰及其 NH_3-SCR催化性能研究

6　研究背景及意义

6.1　白云鄂博独居石矿概述

从白云鄂博稀土精矿改性制备矿物催化材料的研究发现，工艺矿物学检测对白云鄂博稀土精矿有着相对全面的基础分析，为白云鄂博稀土精矿制备的高效催化剂的改性和修饰提供基础依据[48]。从白云鄂博稀土精矿的工艺矿物学研究中可以发现，稀土精矿中的稀土矿物多赋存于独居石矿中[48]，稀土精矿中约75%的独居石以完全解离的单体颗粒形式存在，其粒径主要分布在20μm左右，独居石占据了13.45%的铈元素。独居石在稀土矿物中存在也较为广泛，其是一种存在于中酸性岩浆岩和变质岩中的副矿物，其主要以单斜晶系为主，晶体形状主要为板状或柱状，并且在少量的沉积岩中也有发现。由于和稀土矿物相互伴生的关系，为稀土矿物物理化学性质的研究提供了良好的依据。独居石作为铈元素的主要集中矿物之一，被认为是白云鄂博稀土精矿参与催化脱硝反应的主要有效矿物之一[7]。各矿物之间存在复杂的多元共生-包裹关系，为元素之间的协同催化作用提供了特殊有效的条件。

从独居石的元素组成及结构的相关研究中发现，独居石中含有的稀土元素铈是具备良好脱硝效率的关键元素。独居石主要由铈元素和磷酸根组成，其中铈元素具有优异的氧化还原性能，极易在催化剂表面形成不稳定的电荷，促进烟气中氮氧化物的转化和活化，而磷酸根对催化脱硝的作用机制尚不明确，此外，稀土精矿中含有的铁锰等矿物组分对催化脱硝机制产生一定影响。基于独居石在 SCR 反应中的良好性能以及组分、粒度、解离度和嵌布关系等基础条件，制备合成了与白云鄂博稀土精矿中相似的独居石材料，即铈磷酸盐，探究铈磷酸盐在脱硝过程中磷酸根和铈元素的作用机制和反应途径，以及其在催化脱硝作用机理方面的作用，进而帮助推进精矿中的独居石在脱硝机理方面的研究。

以独居石为主要矿物之一的稀土精矿[73]，因稀土矿物粒度过于微细、分散程度高、与其他矿物的嵌布关系十分复杂，因此矿石较难处理。扫描电镜能谱微区成分分析结果如图 6-1 所示，矿石中的矿物种类较为简单，主要是独居石、重晶石、锆石和褐钇铌矿。与不同的矿物相互伴生使独居石具备不同的物理化学性质，为稀土矿物在实际应用方面提供了一定的研究基础。

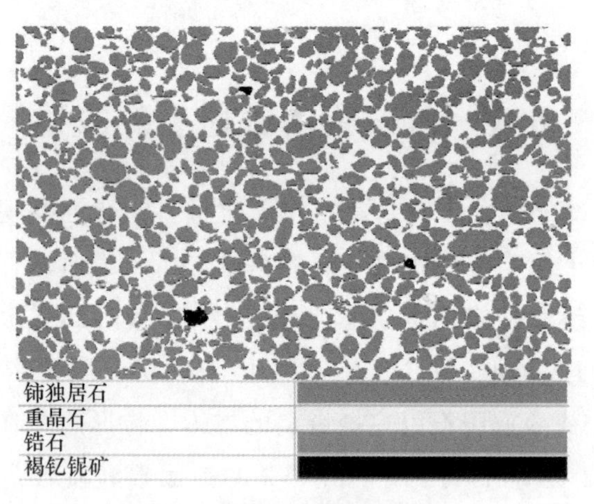

图 6-1 彩图

图 6-1　独居石矿相分布图

如图 6-2 所示为独居石 500℃焙烧前后的 XRD 对比，根据 XRD 分析可以看出 $ZrSiO_4$、(Ce，La，Nd)PO_4和 TiO_2 的嵌布颗粒较大、结晶度较高，但因独居石熔点高、结构稳定，所以焙烧后未有新的物质结构生成。由于(Ce，La，Nd)PO_4在矿物中的 XRD 衍射峰尖锐，所以其具有较差的分散性，矿物的晶体结构明显、结晶度较大，在一定程度上限制了独居石的脱硝活性。可以通过一定的化学和物理方式对其进行改性，降低 (Ce，La，Nd)PO_4在独居石表面的结晶度，提高其氧化还原性能，从而制备出高效绿色的 NH_3-SCR 催化剂，并为改性稀土精矿制备脱硝催化剂提供掺杂和机理研究的参考。

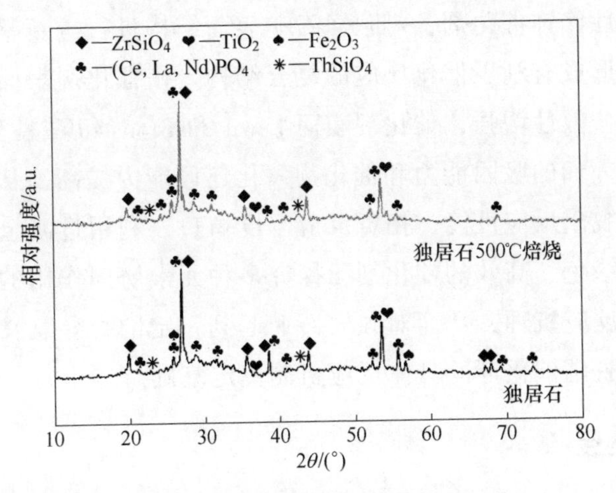

图 6-2　独居石焙烧前后的 XRD 图谱

6.2　研究意义及技术路线

6.2.1　研究意义

经过前期调研和实验探索研究，利用经过磁选工艺流程选矿的白云鄂博稀土精矿所含有最大的成分是氟碳铈矿，其次是独居石、萤石、磷灰石、黄铁矿和磁铁矿及一些其他成分。从成分上分析精矿中含有 Fe，以及一些碱金属氧化物和稀土元素；独居石中主要稀土元素为 Ce、La、Nd 和 Pr，共占元素总量的 54.69%[73]。独居石矿含具有催化作用的金属类物质 Ce、La、Nb 等，经过前期实验发现，独居石在炉内高温具有一定的脱硝效果，这一发现可实现独居石的综合利用。

前人研究表明稀土元素是 NH_3-SCR 催化剂的主要活性组分，而稀土精矿中的稀土元素和少量过渡金属元素天然掺杂，表面活性位点丰富，形成了具有天然活性组分联结特性的矿物结构，使得稀土精矿拥有制备高效、节能、绿色催化剂的天然优势，因此探究稀土元素掺杂过渡金属元素所制备的催化剂是新型脱硝催化剂的研究热点。研究发现，不同价态的稀土元素与过渡金属 Mo、Fe 和 Mn 元素共存可以促进元素之间的价态变化和电子转移，从而促进 NO_x转化为 N_2 和 H_2O。所以以独居石为活性组分，采用浸渍法制备过渡金属元素改性修饰催化剂，对独居石矿表面结构进行重新整合，使活性组分相互嵌布，形成有利于催化反应的复合结构。使催化剂表面活性组分结晶度减弱，矿物分散性增强，催化剂表面 Lewis 和 Brønsted 酸性位点数量增加，NH_3 在催化剂表面的吸附能力和催化剂氧化还原能力提高，从而提高独居石改性催化剂的脱硝反应性能，拓宽反应温度窗口。利用过渡金属修饰从而制备一种新型、绿色、高效的催化剂，探究多种元素协同作用的现象，进一步分析催化剂的反应机理，从而对独居石矿起到一定的指导意义，为后续研究稀土精矿作为脱硝催化剂的具体反应机制奠定基础。

6.2.2 技术路线

本实验方案流程图如图 6-3 所示。

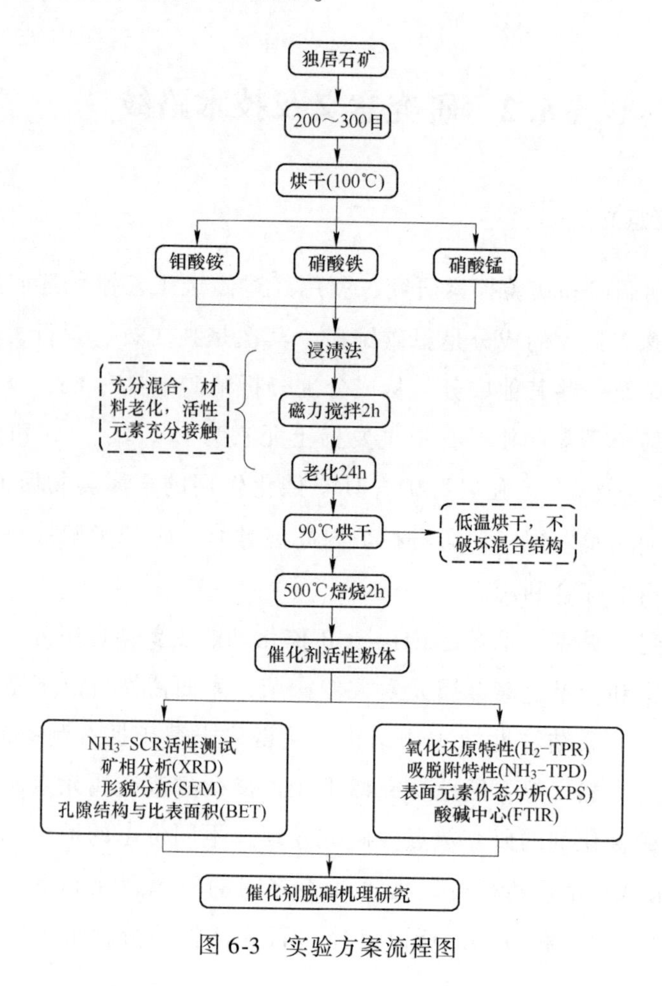

图 6-3 实验方案流程图

7 Mo修饰独居石催化剂 NH_3-SCR脱硝性能研究

7.1 催化剂的制备

本章以独居石为研究对象，采用浸渍法制备脱硝催化剂，经破碎、筛分，得到粒度为300目的独居石，称取5g独居石粉末置于30mL蒸馏水中，将（NH_4）$_2$$MoO_4$在研钵中研磨10~15min后溶于含有独居石的蒸馏水中，而后磁力搅拌2h，沉淀老化24h，之后置于干燥箱中90℃条件下烘干，然后置于马弗炉中500℃焙烧2h，得到独居石掺杂Mo氧化物的催化剂，复合催化剂以Mo/Ce(x)方式命名，其中x代表Mo与Ce的摩尔比，具体x为0.05、0.1、0.3和0.5。

7.2 Mo修饰独居石精矿催化剂的脱硝活性评价

考察不同摩尔比的Mo修饰对独居石催化剂脱硝性能的影响。NO_x转化率随反应温度变化的曲线如图7-1所示，同时给出了天然独居石的NO_x转化率。当反应温度为350℃时，纯独居石矿的NO_x转化率为50.2 %。Mo/Ce(0.3)的NO_x转化率最高，达75%；脱硝效果最佳温度范围偏高。以上表明Mo的引入使得复合催化剂脱硝活性明显提升但反应温度窗口向高温偏移，且低温活性有小范围降低。NO_x转化率随着Mo负载量的增加先增后减。当Mo与Ce摩尔比超过0.3时，NO_x转化率并未持续增加，原因可能是负载量超过一定值后，催化剂表面被大量Mo氧化物覆盖，元素间的协同作用降低，进而导致NO_x转化率降低。结合实验结果，最终确定Mo/Ce(0.3)脱硝性能最佳。

图7-2是纯独居石矿与不同Mo与Ce摩尔比复合催化材料的XRD图谱，从图可知，与纯独居石矿相比，Mo/Ce(0.3)经Mo改性处理后各矿相的衍射

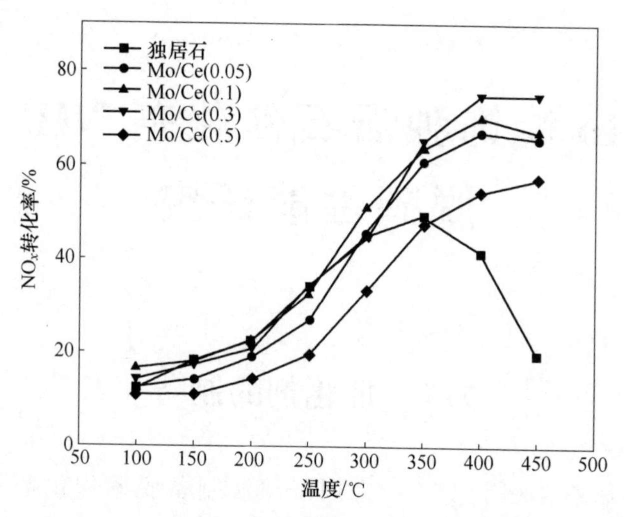

图 7-1 不同摩尔比 Mo 修饰的催化剂 NO_x 转化率

峰强度明显减弱但峰宽没有明显变化，推测可能是掺杂的 MoO_3 覆盖在催化剂表面，从而导致独居石矿相衍射峰强度的减弱。从 XRD 中可以看出，独居石表面 MoO_3 的衍射峰强度较弱，MoO_3 在矿物表面的结晶度较小、分散性较好，但随着独居石表面 Mo 元素的负载量逐渐增加，铈磷酸盐峰强度存在减弱的趋势，但 MoO_3 的衍射峰强度增强，并在 Mo/Ce(0.5) 中 27.5°处出

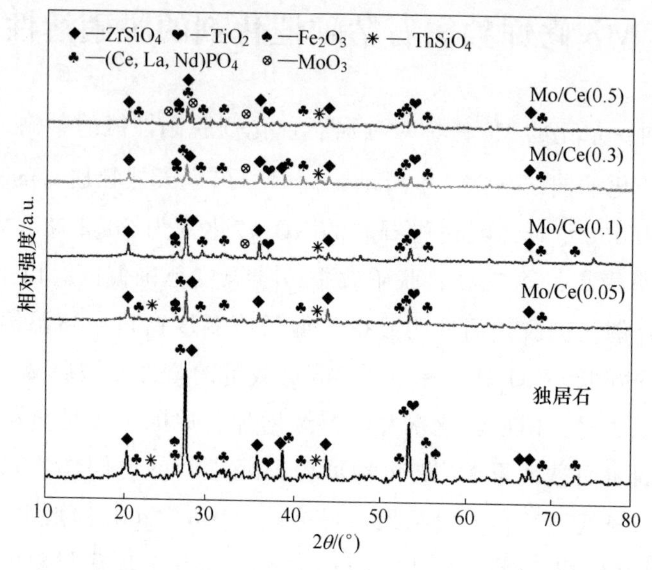

图 7-2 不同摩尔比 Mo 修饰的催化剂的 XRD 图谱

现 MoO_3 的强尖锐衍射峰。XRD 衍射峰峰宽无明显变化，表明金属 Mo 没有进入独居石精矿晶格中，而是均匀分散在催化剂表面。研究表明，活性组分在催化剂表面的分散性是影响催化剂脱硝活性的原因之一，结晶度更小的组分与不同元素之间的接触率更大，可以更好地发挥各元素之间的协同作用，矿物分散性增强且相对匀称，从而促进了催化剂的催化反应效率。

7.3 Mo 修饰独居石精矿催化剂的物理化学性质

7.3.1 表面形貌分析

图 7-3 为纯独居石矿与不同 Mo 和 Ce 摩尔比复合催化材料的表面形貌，从扫描电镜图谱可以直观地观察到 Mo 修饰独居石矿表面的形貌，辅以 EDS 面扫图谱可以清晰观察到催化剂表面元素的分布情况，图中原矿独居石焙烧后表面粗糙，出现细小裂纹，比表面积明显增大，有利于修饰元素 Mo 进入催化剂内部，有效地使独居石中的活性组分和 Mo 接触，增强元素间的协同

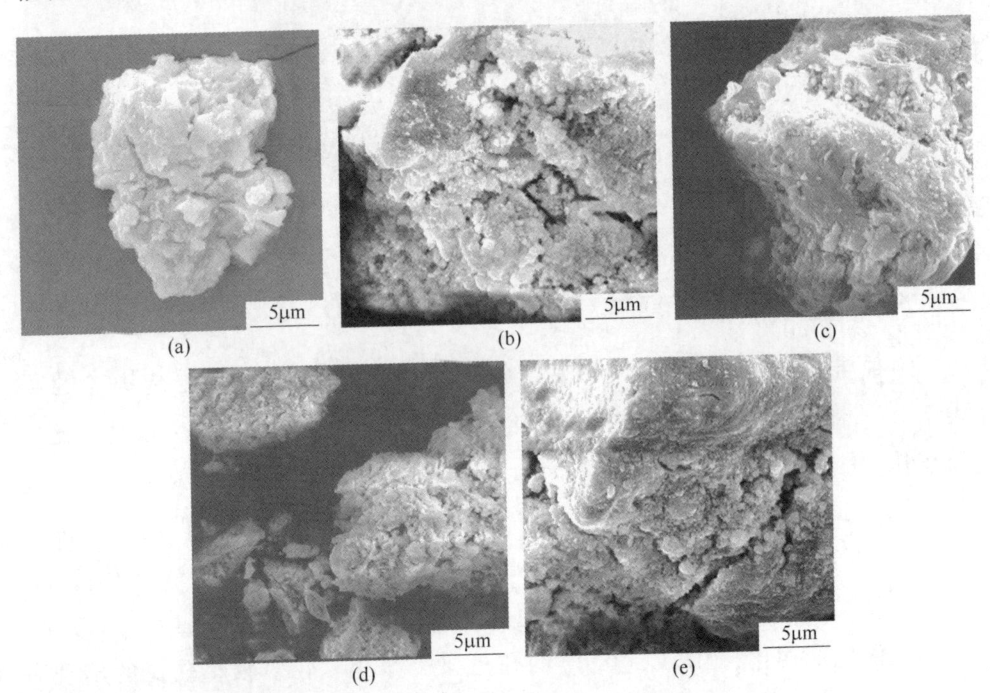

图 7-3 不同摩尔比 Mo 修饰的催化剂的 SEM 图谱

(a) 独居石原矿；(b) Mo/Ce(0.05)；(c) Mo/Ce(0.1)；(d) Mo/Ce(0.3)；(e) Mo/Ce(0.5)

作用。Mo修饰后Mo/Ce(0.3)催化剂表面出现了大量的孔隙结构，但随着修饰元素Mo含量的增加，Mo/Ce(0.5)催化剂表面孔隙减少，只出现较深的裂纹，MoO_3密集包裹在催化剂表面，使得催化剂孔隙堵塞严重。在整个脱硝反应过程中，反应气体在催化材料表面的孔隙结构中进行反应，生成的产物再扩散离开孔洞。因此，催化材料的脱硝性能直接受到孔洞结构的影响[74]。

图7-4为矿物催化材料Mo/Ce(0.3)的EDS能谱检测图，其中主要分析对象为Mo和矿物中主要成分，分析结果表明催化剂含有Ce、P、O、Mo、Si、Fe和Ti等元素。该矿物颗粒上Mo和稀土元素分布较均匀，这与XRD检测到的结果一致，能更好地发挥活性元素之间的协同作用。

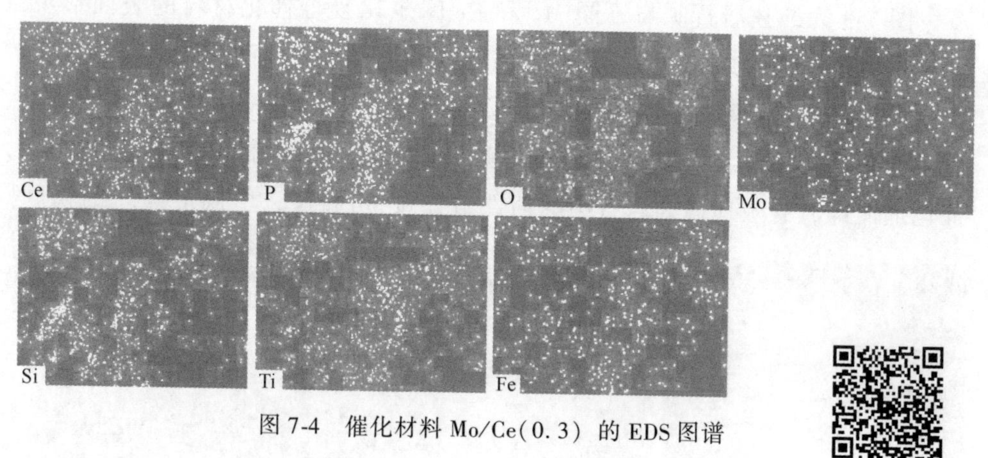

图7-4 催化材料Mo/Ce(0.3)的EDS图谱

图7-4彩图

7.3.2 表面孔隙结构分析

纯独居石矿与不同Mo与Ce摩尔比复合催化材料的多孔结构参数见表7-1，催化材料比表面积在Mo修饰后得到了很大提升。与原矿相比，比表面积从59.21m^2/g增加到91.48m^2/g。比表面积增加的主要原因是催化剂经过焙烧后，表面产生的裂缝使得活性组分暴露在催化剂表面。但随着修饰元素Mo含量的增加，催化剂逐渐被MoO_3所覆盖，从而导致比表面积减小。孔径受到修饰元素的影响先减小，随后孔径随负载量的增加先增大后减小。与其他催化剂相比，Mo/Ce(0.3)的孔径显著减小。较多较小孔径的出现有利于反应气体的吸附，反应产物也可以从小孔中溢出，从而促进催化反应的进行。

表 7-1 不同摩尔比 Mo 修饰的催化剂的 BET 分析

催化剂	独居石	Mo/Ce(0.05)	Mo/Ce(0.1)	Mo/Ce(0.3)	Mo/Ce(0.5)
比表面积/$m^2 \cdot g^{-1}$	59.21	81.41	91.48	79.13	52.95
孔体积/$mL \cdot g^{-1}$	0.1016	0.0985	0.1027	0.0964	0.0788
平均孔径/nm	0.7322	0.6801	0.7078	0.6740	0.6953

7.3.3 氧化还原特性分析

图 7-5 为纯独居石矿与不同 Mo 和 Ce 摩尔比复合催化材料的 H_2-TPR 曲线，由图可知，分别在 706℃和 809℃时出现原矿独居石较大还原峰。对应催化剂中表面氧化铈和体相氧化铈的还原过程[54]，不同 Mo 含量修饰对独居石样品氧化还原性均有不同程度的影响。Mo 修饰后，在 706℃和 809 ℃处的还原峰分别向低温和高温移动，归属于 Mo 和 Ce 的联合作用。结合 SEM 分析可知，Mo 修饰物种在独居石表面分散均匀，Ce 和 Mo 元素在低温段的协同还原作用占主要地位。温度升高后，矿物催化材料中的氧化还原主要以 Ce 元素为主，在 800℃后出现的新还原峰较高，说明高温条件使独居石内部被元素 Mo 覆盖的活性组分 Ce 参与到催化反应中。但 Mo 修饰独居石催化剂在低温段的氧化还原反应很弱，所以才导致催化剂低温活性普遍不高。随着负载量的增加，H_2 吸附量也明显增大，这说明催化剂表面的 Mo 与 Ce 间发生了

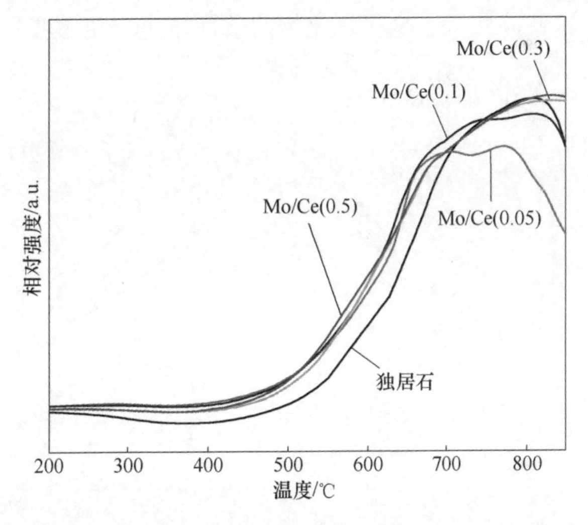

图 7-5 不同摩尔比 Mo 修饰的催化剂的 H_2-TPR 图谱

图 7-5 彩图

强烈的电子相互作用，Mo 修饰独居石更加有利于高温条件下催化还原反应的发生。表7-2给出了不同摩尔比 Mo 修饰的催化剂 H_2-TPR 吸脱附曲线峰面积，按 H_2 吸附量依次排列为 Mo/Ce(0.1) > Mo/Ce(0.3) > Mo/Ce(0.05) > Mo/Ce(0.5) > 独居石(峰面积分别为7162.2、6977.3、6380.0、7153.8、5851.2)。

表7-2　不同摩尔比 Mo 修饰的催化剂 H_2-TPR 吸脱附曲线峰面积

催化剂	峰值温度/℃	峰面积
独居石	706、809	5851.2
Mo/Ce(0.05)	693、773	6380.0
Mo/Ce(0.1)	675、809	7162.2
Mo/Ce(0.3)	680、840	6977.3
Mo/Ce(0.5)	658、840	7153.8

7.3.4　NH_3 吸附特性分析

图7-6为催化剂的 NH_3-TPD 图谱，所有催化剂均有一个较宽的氨解吸峰(100~400℃)。100~250℃内的解吸峰归因于弱和中 Brønsted 酸性位点，250~500℃内的解吸峰归因于强 Brønsted 酸性位点和中等强度 Lewis 酸性位点上 NH_3 的脱附。值得注意的是，所有催化剂的氨解吸峰均向高温偏移，且峰的数量减少。这些峰归因于金属氧化物的酸性位点的氨解吸。如表7-3所示，

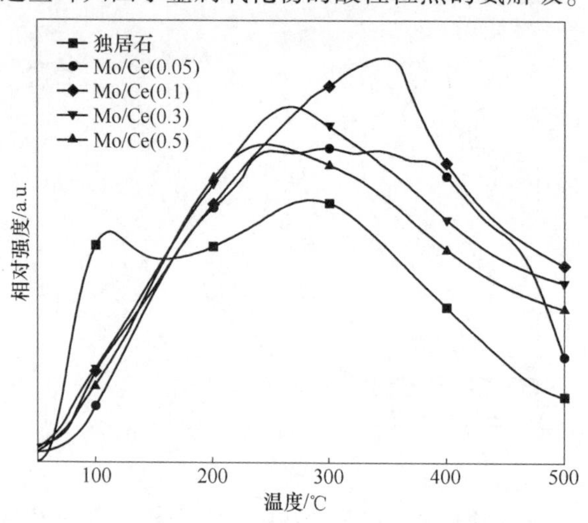

图7-6　不同摩尔比 Mo 修饰的催化剂的 NH_3-TPD 图谱

通过整合催化剂的解吸峰，按NH_3吸附量依次排列为Mo/Ce(0.1)>Mo/Ce(0.3)>Mo/Ce(0.05)>Mo/Ce(0.5)>独居石（峰面积分别为2022.9、1857.6、1779.4、1686.8、1458.5）。氨吸附能力均有所提高，但因负载量的不同，催化剂有不同程度的氨吸附能力的降低。结合其较差的氧化还原性能，导致其低温催化活性较差。由此可见，氧化还原性能和氨解吸性能的提高可能是催化剂具有优越的NH_3-SCR活性不可缺少的因素。

表7-3 不同摩尔比Mo修饰的催化剂NH_3-TPD吸脱附曲线峰面积

催化剂	峰值温度/℃	峰面积
独居石	111、287	1458.5
Mo/Ce(0.05)	248、382	1779.4
Mo/Ce(0.1)	351	2022.9
Mo/Ce(0.3)	265	1857.6
Mo/Ce(0.5)	242	1686.8

7.3.5 表面元素价态分析

图7-7~图7-9分别为不同摩尔比独居石Mo修饰的催化材料Ce 3d、Mo 3d、O 1s的XPS图谱。Ce元素主要以两种价态存在于化合物中，Ce 3d可由8个结合能分峰拟合。其中，在v′(885eV)和u(904eV)处的峰代表Ce^{3+}，其他的峰代表Ce^{4+}[75]。图7-7为不同摩尔比独居石Mo修饰的矿物催化材料Ce 3d的XPS谱的分峰拟合。一般认为，Ce^{3+}谱峰所占面积与总共8个谱峰之间的面积比可以反映样品表面的Ce^{3+}含量。因此，本书根据上述面积比计算了Ce^{3+}与Ce^{3+}+Ce^{4+}的比值，见表7-4。因独居石矿中含有Fe_2O_3，Fe^{3+}与Ce^{3+}之间的氧化还原使得催化剂表面Ce^{3+}相对含量减少。Mo修饰后，Ce^{3+}相对含量均明显增加，其中Mo/Ce(0.3)的Ce^{3+}含量最多，为33.77%，Ce元素之间价态的转化也更为活跃。研究表明，催化剂的Ce^{3+}占比变化的原因可能是Mo^{6+}与Fe^{2+}和Ce^{3+}之间的相互作用导致新的氧化还原循环出现，Ce^{3+}的峰面积有所增加，在此转化过程中促进电子转移生成氧空位和不饱和化学键[76]从而提高了NO和NH_3的吸附和活化能力，促进了NO分子的分解，提高了催化性能。

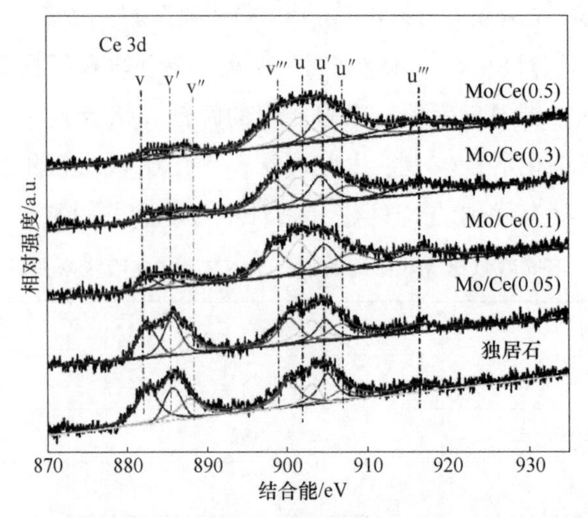

图 7-7　不同摩尔比 Mo 修饰的催化剂表面 Ce 3d 的 XPS 图谱

图 7-7 彩图

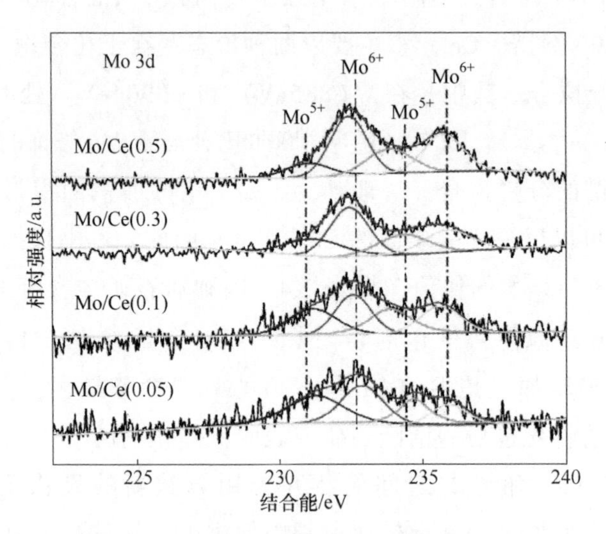

图 7-8　不同摩尔比 Mo 修饰的催化剂表面 Mo 3d 的 XPS 图谱

图 7-8 彩图

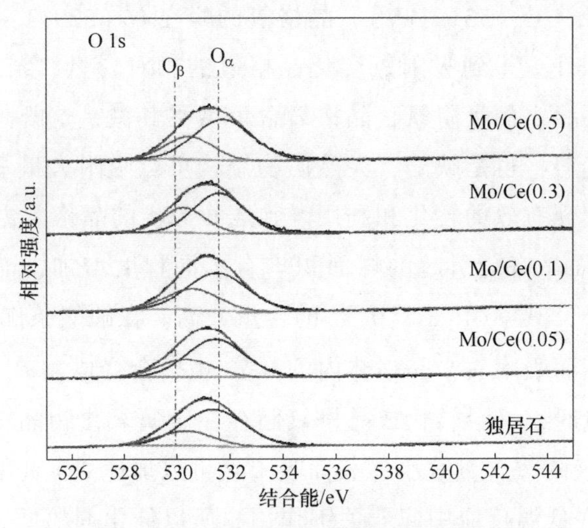

图 7-9　不同摩尔比 Mo 修饰的催化剂表面 O 1s 的 XPS 图谱

图 7-9 彩图

表 7-4　不同摩尔比 Mo 修饰的催化剂不同价态元素的峰面积占比

催化剂	峰面积（$Ce^{3+}/Ce^{3+}+Ce^{4+}$）/%	峰面积（$Mo^{5+}/Mo^{5+}+Mo^{6+}$）/%	峰面积（$O_β/O_β+O_α$）/%
独居石	18.48	—	25.37
Mo/Ce（0.05）	21.01	55.43	30.43
Mo/Ce（0.1）	28.78	51.34	33.33
Mo/Ce（0.3）	33.77	40.61	36.39
Mo/Ce（0.5）	26.35	32.56	31.47

如图 7-8 所示为不同摩尔比独居石 Mo 修饰的催化材料 Mo 3d 的 XPS 谱的分峰拟合。Mo 3d 可以用 4 个结合能进行分峰拟合，其中在 231eV 和 234.3eV 处的峰代表 Mo^{5+}，而其他的峰代表 Mo^{6+}。掺杂的 Mo 元素为 Mo^{6+}，催化剂近 50 %的 Mo^{6+}转化为 Mo^{5+}，增强了催化剂的电子转移，生成更多的氧空位和不饱和化学键，从而提高了催化活性。根据相对峰面积计算得到 Mo^{5+}相对含量，结果见表 7-4。随着负载 Mo 含量的增加，Mo^{5+}含量逐渐减小。表明过量负载的 Mo^{6+}不能一直转化为 Mo^{5+}，所以催化剂元素间的电子转移强度会逐渐减弱。

如图 7-9 所示为不同摩尔比 Mo 修饰独居石的催化材料 O 1s 的 XPS 图谱，

其中吸附氧的峰在 O_α(531.1eV)，晶格氧的峰在 O_β(529.1～529.8eV)[76]。根据相对峰面积计算得到吸附氧转化晶格氧的相对含量，结果见表 7-4。原矿中存在大量不稳定的吸附氧，晶格氧含量微乎其微，这既是制备天然矿物脱硝催化剂的优势，也是缺陷，天然矿物结构可以吸附大量氧气，但是不能将吸附的氧气实现有效的转化和利用。独居石原矿的晶格氧占比为 25.37%，Mo 修饰后，表面晶格氧引起的峰面积均有不同程度增加，晶格氧的相对含量先增加后减小，其中 Mo/Ce(0.3)的含量最高。在缺氧条件下，MoO_3 释放晶格氧转化为表面吸附氧，晶格体内的部分 Mo^{6+} 会变成 Mo^{5+}，产生氧空位。表面吸附氧过量时，又会转化成晶格氧储存在金属氧化物晶格中，Mo^{5+} 会变成 Mo^{6+}。表面吸附氧含量减小，表面吸附氧可以加速 NO 氧化为 NO_2 参与快速 SCR 反应，在低温反应中起着关键作用，所以催化剂的低温活性较差。

7.4　催化剂的脱硝机理研究

在本节中，以 Mo 修饰独居石的脱硝活性最佳样品 Mo/Ce(0.3)作为研究对象，研究 NH_3/NO+O_2 在样品表面的吸附特性、吸附形式、吸附量和瞬态反应等情况。

7.4.1　催化剂表面 NH_3/NO+O_2 的吸附

图 7-10 为 Mo/Ce(0.3)在 400℃时表面 NH_3 吸附的原位红外光谱。随着 NH_3 的通入，表面出现一系列吸附峰，主要为 $1242cm^{-1}$、$1280cm^{-1}$、$1359cm^{-1}$、$1438cm^{-1}$、$1515cm^{-1}$、$1582cm^{-1}$、$1718cm^{-1}$ 和 $1772cm^{-1}$。其中 $1438cm^{-1}$、$1718cm^{-1}$ 和 $1772cm^{-1}$ 处的吸附峰归属于 Brønsted 酸性位点上 NH_4^+ 的振动吸附峰[54, 77]；$1359cm^{-1}$ 处的吸附峰归属于 NH_3 被氧化形成的中间产物—NH_2[78]，其氧来源于催化剂中的晶格氧；$1582cm^{-1}$ 处的峰属于 NH_3 和表面氧之间的结合振动吸附峰[79]；$1242cm^{-1}$、$1280cm^{-1}$ 和 $1515cm^{-1}$ 处的吸附峰归属于催化剂表面 NH_3 在 Lewis 酸性位点的吸附[80-82]。从图7-10中可以看出随着时间增加，吸附峰强度逐渐增大，表面同时存在 Lewis 酸性位点和 Brønsted 酸性位点吸附的 NH_3。两者的红外吸收峰强度相差不大，说明 Lewis 酸性位点和 Brønsted 酸性位点均是催化剂表面主要的 NH_3 吸附酸性

位点，这与 NH_3-TPD 结果一致。随着 NH_3 气体通入时间的增加，吸附在 Brønsted 酸性位点和 Lewis 酸性位点的 NH_4^+/NH_3 物种均以非常稳定的状态存在，说明催化剂有着非常好的吸附 NH_3 能力，Mo 的引入可为催化剂表面提供更强的酸性位点促进反应，有利于催化反应的进行。

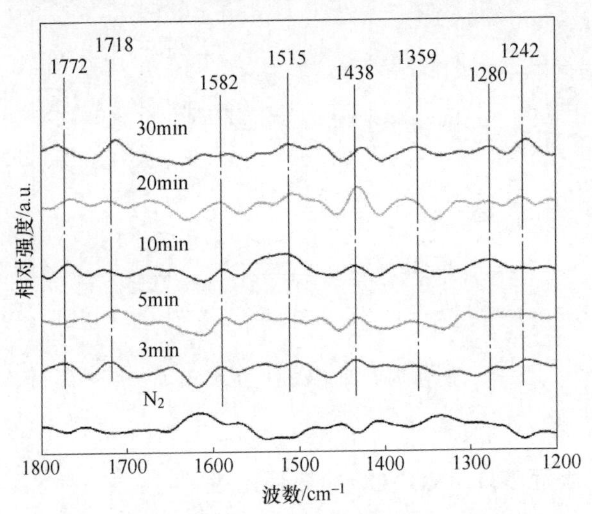

图 7-10 催化剂表面 NH_3 吸附的原位红外光谱

图 7-11 为 Mo/Ce(0.3)在 400℃时表面 $NO+O_2$ 吸附的原位红外光谱，从图可以看出，随着 $NO+O_2$ 的通入，表面出现一系列吸附峰。吸附峰出现位置分别为 $1230cm^{-1}$、$1296cm^{-1}$、$1324cm^{-1}$、$1423cm^{-1}$、$1477cm^{-1}$、$1517cm^{-1}$、$1554cm^{-1}$、$1591cm^{-1}$、$1625cm^{-1}$、$1650cm^{-1}$、$1693cm^{-1}$ 和 $1747cm^{-1}$。其中，$1296cm^{-1}$、$1517cm^{-1}$ 和 $1554cm^{-1}$ 处的吸附峰为吸附于 Ce 和 Mo 位点的双齿硝酸盐[69, 83-84]。随着 $NO+O_2$ 通入时间的增加，并保持稳定，还出现了属于桥式硝酸盐的振动峰（$1230cm^{-1}$、$1324cm^{-1}$、$1423cm^{-1}$、$1591cm^{-1}$ 和 $1625cm^{-f1}$）[64, 85-87]。但在通入 $NO+O_2$ 30min 后，$1324cm^{-1}$ 和 $1423cm^{-1}$ 处的吸附峰消失，在催化剂表面的吸附并不稳定。在 $1477cm^{-1}$ 处出现的吸附峰对应单齿硝酸盐[88]，并稳定存在。$1650cm^{-1}$ 处的峰归属于中间产物 NO_2 物种的振动峰[89]，说明催化脱硝过程中吸附态的 NO 到 NO_2 的转化得以实现，为后续 NH_4^+ 与 NO_2 的反应提供基础条件。$1693cm^{-1}$ 处的峰归属于 N_2O_4 的振动峰[69]，$1747cm^{-1}$ 处的峰归属于物理吸附 NO 物种的振动峰[90]。桥式硝酸盐和双齿硝酸盐物种占据主要的活性位点。

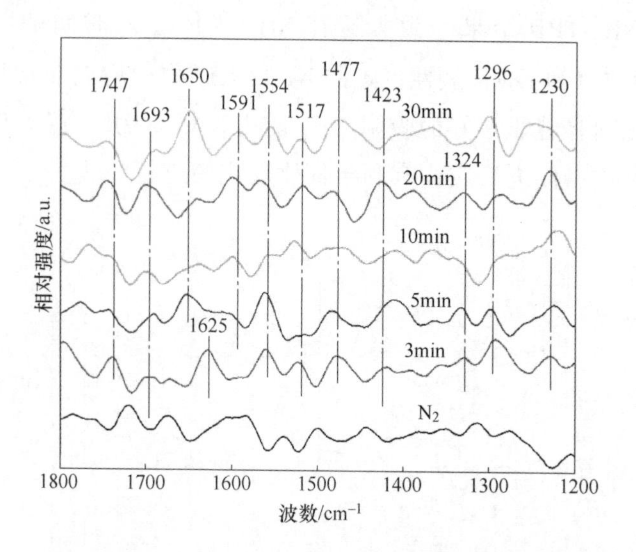

图 7-11 催化剂表面 $NO+O_2$ 吸附的原位红外光谱

7.4.2 催化剂表面 $NH_3/NO+O_2$ 的热稳定性

图 7-12 中 1242cm^{-1}、1292cm^{-1}、1515cm^{-1} 和 1575cm^{-1} 处的峰属于 Lewis 酸性位点 NH_3 的振动吸附峰[80-82]，当温度逐渐升高时，吸附峰稳定存在。随着温度升高至 350℃，开始在 1606cm^{-1} 处出现属于 Lewis 酸性位点 NH_3 的振动吸附峰[80]，说明在整个温度范围内 Lewis 酸性位点吸附的 NH_3 均参与 SCR 反应。在低温段有 1334cm^{-1}、1438cm^{-1}、1741cm^{-1} 和 1785cm^{-1} 处属于 Brønsted 酸性位点 NH_4^+ 的振动吸附峰[61, 64, 92]，在高温段消失，随后在 1317cm^{-1}、1545cm^{-1}、1637cm^{-1}、1680cm^{-1} 和 1713cm^{-1} 处出现新的属于 Brønsted 酸性位点的 NH_4^+ 振动吸附峰[64, 77, 89, 93]。在高温段同时存在大量 Brønsted 酸性位点和 Lewis 酸性位点，均参与 SCR 反应，是催化剂低温段活性较差的主要原因，与活性测试结果一致。1307cm^{-1} 和 1359cm^{-1} 处的峰属于活化的 NH_3 物种发生脱氢反应产生的脱氢产物—NH_2[78, 94]。—NH_2 中间体起源于催化剂表面被活性位点活化的配位 NH_3 和 NH_4^+ 物种。结果表明，—NH_2 是—NH_2 与 NO(g) 反应形成 NH_2NO 的重要中间体，并进一步分解为 N_2 和水。

图 7-13 为 Mo/Ce(0.3) 表面 $NO+O_2$ 热稳定性的原位红外光谱，从图中

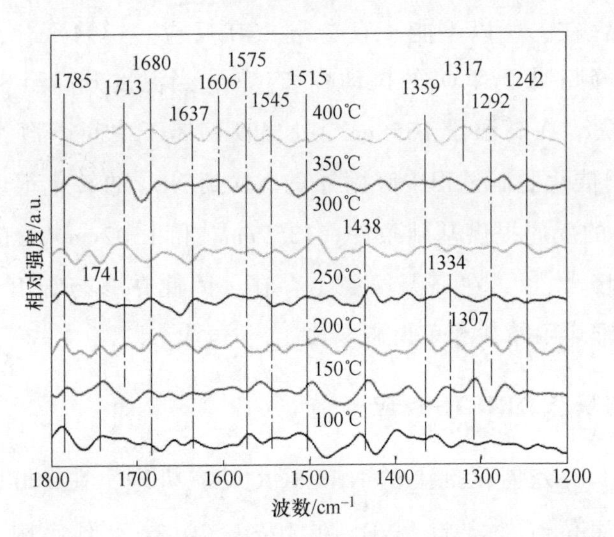

图 7-12 催化剂表面 NH_3 吸附的热稳定性红外光谱

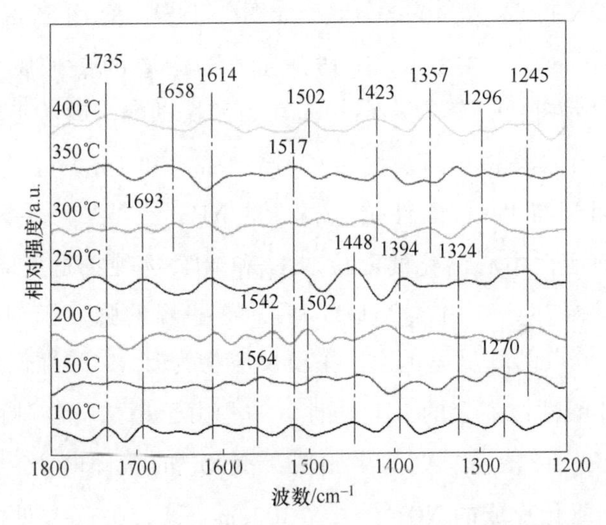

图 7-13 催化剂表面 NO+O_2 吸附的热稳定性红外光谱

可以看出，1735cm¹处的峰归属于物理吸附NO物种的振动峰[80]，在整个温度段内相对保持稳定。1245cm^{-1}、1423cm^{-1}和1614cm^{-1}处的峰归属于桥式硝酸盐的振动峰，随着温度的升高逐渐增强并保持稳定[64, 81, 86, 95]。但1270cm^{-1}和1564cm^{-1}处属于桥式硝酸盐的振动峰在高温段消失，不能稳定存在[90, 87]。双齿硝酸盐振动峰主要出现在1296cm^{-1}、1324cm^{-1}、1517cm^{-1}和1542cm^{-1}处[64, 84, 91, 96]，在整个脱硝温度范围内，受到温度的影响不能稳定存在，所以不能一直参与 SCR 反应。1394cm^{-1}、1448cm^{-1}和 1693cm^{-1}处的峰归属于 N_2O_4的振动峰[69, 89]，当温度升高至 300℃以上时，振动峰相继消失。在高温段 1658cm^{-1}处出现归属于中间产物 NO_2 物种的振动峰[89]，说明催化脱硝过程中吸附态的 NO 到 NO_2 的转化得以实现，为后续 NH_4^+与 NO_2 的反应提供基础条件。1357cm^{-1}和 1502cm^{-1}处的峰均属于单齿硝酸盐振动峰[97-98]，在高温段稳定存在。因此在参与 SCR 反应进程中，主要反应物为桥式硝酸盐和单齿硝酸盐。

7.4.3 催化剂瞬态 DRIFTS 反应

为了进一步研究催化剂上的 NH_3-SCR 反应机理，在 400℃下对 Mo/Ce (0.3)进行了原位红外实验。NH_3 在 Mo/Ce(0.3)上预吸附 40min，再于 400℃下进行 N_2 吹扫，然后引入 NO+O_2 以研究吸附的 NH_3 与气态 NO+O_2 之间的反应。在 NH_3 通入 40min 后，在图 7-14 中检测到 8 条谱带。以 1438cm^{-1}、1480cm^{-1}、1713cm^{-1}和 1778cm^{-1}为中心的谱带属于 Brønsted 酸性位点上的 NH_4^+物种[64, 77, 99]。1359cm^{-1}处的振动峰与酰胺类物质(—NH_2)有关。形成了以 1234cm^{-1}、1280cm^{-1}、1515cm^{-1}和 1582cm^{-1}为中心的振动峰，这可能归因于与 Lewis 酸性位点相连的 NH_3[78, 81-82]。—NH_2 中间体来源于催化剂表面活性中心活化的配位 NH_3 和 NH_4^+物种，是反应生成 NH_2NO 的重要中间体。显然，在引入 NO+O_2 后，这些峰的强度随时间逐渐变弱，其中 Lewis 酸性位点的峰反应迅速，主要反应物为 Lewis 酸性位点吸附的 NH_3 和少量 Brønsted 酸性位点上的 NH_4^+物种。一些由于硝酸盐物种而引起的峰出现并随时间增长。1377cm^{-1}处的峰归属于 N_2O_2 的振动峰[89]，1672cm^{-1}处的峰归因于 NO 氧化形成的 NO_2[100]，1302cm^{-1}和 1502cm^{-1}处的谱带与单齿硝酸盐有关，1580cm^{-1}和 1542cm^{-1}处的谱带归因于双齿硝酸盐。上述分析表明所有吸附的 NH_3 物种都参与了催化剂上的 NH_3-SCR 反应。该现象说明 Mo/Ce(0.3)催化剂表面的 NH_3-SCR 反应遵循 E-R 机理。

图 7-15 显示了 400℃时 NH_3 和预吸附 NO+O_2 物种之间的反应。在 NO+O_2通入 40min 后，检测到 1245cm^{-1}、1302cm^{-1}、1367cm^{-1}、1411cm^{-1}、1477cm^{-1}、1519cm^{-1}、1554cm^{-1}、1591cm^{-1}、1650cm^{-1}、1693cm^{-1} 和 1743cm^{-1}处的谱带。1302cm^{-1}、1367cm^{-1}、1411cm^{-1}和 1477cm^{-1}处的振动

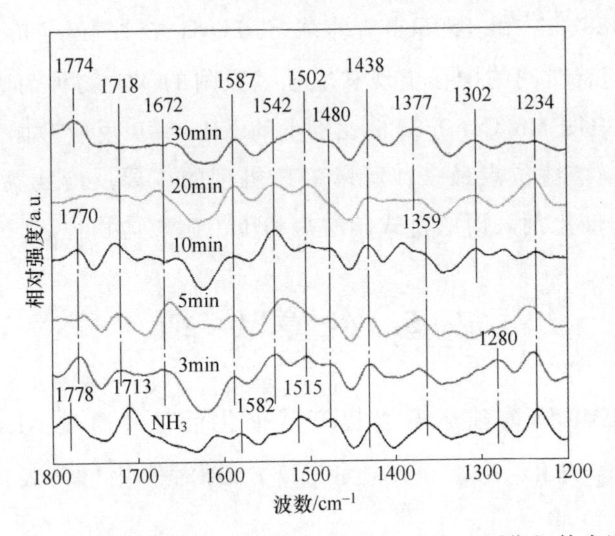

图 7-14 催化剂先通 NH_3 再通 $NO+O_2$ 反应的原位红外光谱

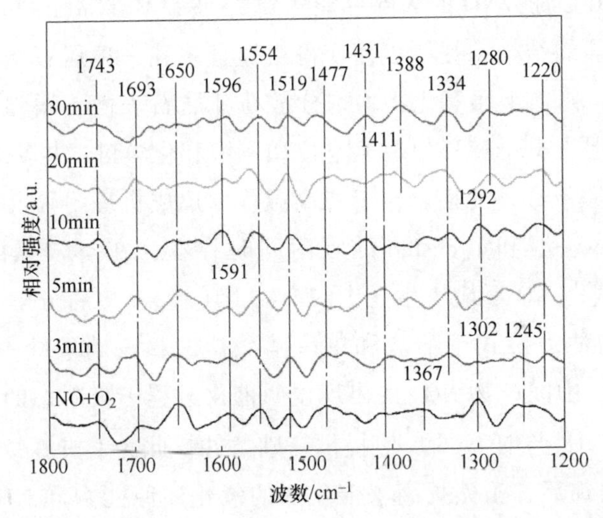

图 7-15 催化剂先通 $NO+O_2$ 再通 NH_3 反应的原位红外光谱

峰归因于单齿硝酸盐[97-98, 101]，1519cm^{-1}和1554cm^{-1}处的振动峰属于双齿硝酸盐[79]。1650cm^{-1}和1693cm^{-1}处的振动峰分别归因于吸附的 NO_2 物种和 N_2O_4。1245cm^{-1}和1591cm^{-1}处的峰属于桥式硝酸盐的振动峰[74, 91]。随着 NH_3 的吹扫，桥式硝酸盐和单齿硝酸盐反应迅速，而双齿硝酸盐基本不参与反应，说明主要反应物种为桥式硝酸盐和单齿硝酸盐。结合在Brønsted酸性位点上的 NH_4^+ 物种（1334cm^{-1}和1431cm^{-1}）[71, 74]及1220cm^{-1}、1280cm^{-1}、

1292cm^{-1}、1388cm^{-1}和1596cm^{-1}处属于Lewis酸性位点的NH_3的振动峰[90-91]，并随着时间的推移出现和增强。吸附的NO_x物种与吸附的NH_3物种发生反应，表明Mo/Ce(0.3)催化剂上的NH_3-SCR反应遵循L-H机理。催化剂表面Lewis酸性位点最多，所以L-H机理的主要反应物为Lewis酸吸附的NH_3物种和催化剂表面的桥式硝酸盐和单齿硝酸盐物种。

7.5 本章小结

本章采用Mo修饰独居石以提高其催化活性，通过NH_3-SCR、XRD、SEM、BET、H_2-TPR、NH_3-TPD、XPS和FTIR对催化材料表面性质及机理进行研究。

（1）使用浸渍法制备Mo/Ce(x)复合催化剂，当Mo与Ce摩尔比为0.3、反应温度为400℃时，NO的去除率能达到75％。Mo/Ce(0.3)在所有测试样品中表现出最佳的结构特征：表面变得粗糙且多孔，独居石增大了比表面积(79.13m^2/g)；修饰金属氧化物均匀分散在独居石表面，增强了活性元素间的协同作用，促进电子转移生成氧空位和不饱和化学键，提高催化活性。

（2）根据原位红外光谱分析，在高温段，反应机理为E-R机理。NH_3在催化剂表面Lewis酸和Brønsted酸吸附同时存在，在空穴氧的作用下形成—NH_2，再与气态NO反应，生成中间产物NH_2NO，最后分解为H_2O和N_2。NO主要反应物种为桥式硝酸盐和单齿硝酸盐。双齿硝酸盐占据活性位点，但不参与反应。中间产物NO_2的出现说明催化过程中吸附态的NO到NO_2的转化，为后续NH_4^+与NO_2的反应提供基础条件，此为L-H反应机理。

（3）Mo修饰后，虽然提高了催化剂的氧化还原能力和NH_3的吸附活化能力，但主要集中在高温范围内，脱硝效率提升相对较小，所以在下一章节针对这一现象重新选取修饰元素，提高催化剂在低温范围内的催化活性。

8 Fe修饰独居石催化剂 NH_3-SCR 脱硝性能研究

根据第7章可知Mo修饰独居石后可以提高催化剂脱硝活性，但活性最佳温度主要集中在高温段内，温度窗口窄。诸多研究表明催化剂中掺杂Fe，在提高催化剂氧化还原性能和酸性位点的同时，可以很大程度改善催化剂的脱硝效率。本章以独居石精矿为研究对象，采用浸渍法负载Fe进行修饰，得到Fe修饰独居石催化剂，研究铁氧化物负载量和改性条件对新型催化剂微结构、活性组分价态、表面性质、催化脱硝性能的影响。

8.1 催化剂的制备

采用浸渍法制备脱硝催化剂。将独居石研磨、过筛，用标准筛筛分取粒度300目独居石，称取5g独居石粉末置于30mL蒸馏水中，将 $Fe(NO_3)_3$ 在研钵中研磨10~15min后溶于含有独居石的蒸馏水中，而后磁力搅拌2h，沉淀老化24h，之后置于干燥箱中90℃条件下烘干，然后置于马弗炉中500℃焙烧2h，得到独居石掺杂Fe氧化物的催化剂，复合催化剂以Fe/Ce(y)方式命名，其中y代表Fe与Ce摩尔比，具体为0.25、0.5、0.75、1。

8.2 Fe修饰独居石精矿催化剂的脱硝活性评价

考察不同摩尔比的Fe修饰对独居石催化剂脱硝性能的影响。NO_x 转化率随反应温度变化的曲线如图8-1所示，同时给出了天然独居石的 NO_x 转化率。反应温度为300℃时，纯独居石矿的 NO_x 转化率为50.2%，Fe/Ce(0.5)的 NO_x 转化率最高，达80.52%。与Mo修饰独居石矿相比，Fe修饰独居石后，催化剂催化性能明显提升，活性最佳温度向低温移动，但温度窗口较窄。当Fe与Ce摩尔比超过0.5时，NO_x转化率开始下降，原因可能是Fe修饰过量时催化剂表面发生了烧结或过量负载阻断了元素间的协同作用，导致催化剂脱硝性能实验氧化还原能力下降，进而导致NO_x转化率降低。结合实验结果，最终确定Fe/Ce(0.5)脱硝性能最佳。

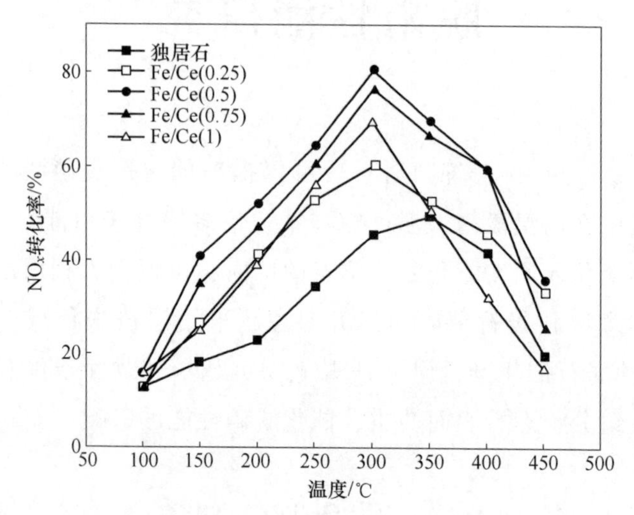

图8-1 不同摩尔比Fe修饰的催化剂NO_x转化率

8.3 Fe修饰独居石精矿催化剂的物理化学性质

8.3.1 物相及晶相分析

为了进一步探究催化材料表面物质晶相变化进行了XRD分析。图8-2是纯独居石矿与不同Fe和Ce摩尔比复合催化材料的XRD图谱。与纯独居石矿相比，Fe/Ce(0.5)经Fe改性处理后的各矿相峰位置没有明显变化。与Mo修饰独居石矿不同，Fe修饰后各衍射峰强度明显减弱且峰宽增大，可能是有一些Fe原子进入磷酸盐晶格中，并引起单元晶胞的收缩，与矿物表面的Ce可能形成固溶体结构。矿物的结晶度和分散性发生了显著变化，出现了Fe_2O_3与$CePO_4$的重叠峰和Fe_3O_4的衍射峰。Fe/Ce(0.75)和Fe/Ce(1)的XRD的衍射峰很接近，因负载硝酸铁含量的增大，26.1°、35.6°和53.5°的衍射峰强度增大，变得更加尖锐，同时出现相对其他样品更多的Fe_2O_3和Fe_3O_4衍射峰，原因是负载硝酸铁含量过高，Fe_2O_3和Fe_3O_4结晶度较高、分散性差。研究表明，活性组分在催化剂表面的分散性是影响催化剂的脱硝活性的原因之一，结晶度更小的组分与不同元素之间的接触率更大，可以更好地发挥各元素之间的协同作用。矿物分散性增强且相对匀称，从而提高了催化剂的催化反应效率。

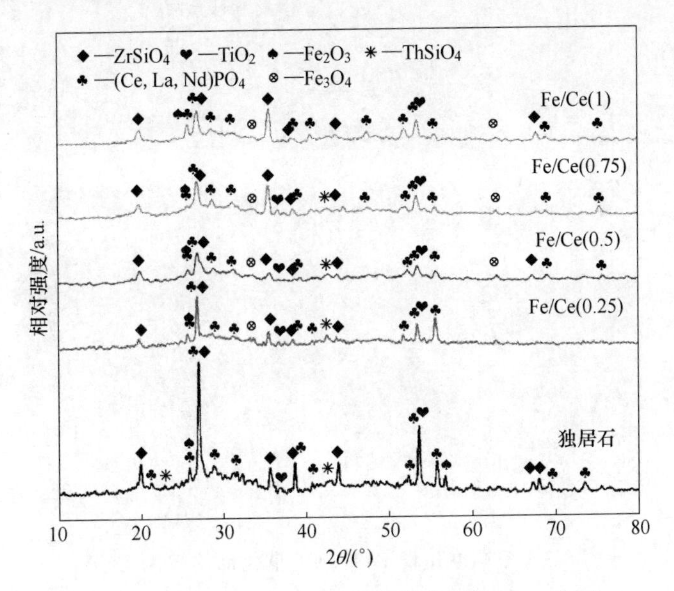

图 8-2 不同摩尔比 Fe 修饰的催化剂的 XRD 图谱

8.3.2 表面形貌分析

图 8-3 为纯独居石矿与不同 Fe 和 Ce 摩尔比复合催化材料的表面形貌，从扫描电镜图谱可以直观地观察到 Fe 修饰独居石矿表面的形貌，辅以图 8-4 EDS 图谱可以清晰地观察到催化剂表面元素的分布情况，图中原矿独居石焙烧后的颗粒约为长 10μm 的不规则球块状结构，表面粗糙，出现细小裂纹，比表面积明显增大，有利于修饰元素 Fe 进入催化剂内部，有效地使独居石中的活性组分和 Fe 接触，增强元素间的协同作用。Fe 修饰后催化剂表面出现了很明显的裂纹和孔洞，颗粒分布较均匀，无明显团聚现象。但随着负载 Fe 含量的增加，Fe/Ce(0.75)和 Fe/Ce(1)催化剂表面裂纹减少，被 Fe_2O_3 密集包裹在催化剂表面，孔隙堵塞严重，颗粒出现团聚现象。在整个脱硝反应过程中，反应气体在催化材料表面的孔隙结构中进行反应，生成的产物再扩散离开孔洞。因此，催化材料的脱硝性能直接受到孔洞结构的影响。

图 8-3　不同摩尔比 Fe 修饰的催化剂的 SEM 图谱

(a) 独居石；(b) Fe/Ce(0.25)；(c) Fe/Ce(0.5)；(d) Fe/Ce(0.75)；(e) Fe/Ce(1)

图 8-4 为矿物催化材料 Fe/Ce(0.5) 的 EDS 能谱检测图，其中主要元素分析对象为 Fe 和稀土元素，分析结果表明催化剂含有 Ce、Nd、Fe、Ti 和 P 等元素。从图 8-4 中可以看出，Fe 和稀土元素分布较均匀，这与 XRD 检测到的结果一致，Fe 氧化物均匀且分散的存在形式为后续吸脱附性能的测试提供了良好的基础条件。Fe 和 Ce 元素的 EDS 能谱部分重合，因此证明该点上可能形成了铁铈固溶体结构。

8.3.3　表面孔隙结构分析

纯独居石矿与不同 Fe 和 Ce 摩尔比复合催化材料的多孔结构参数见表 8-1。Fe 修饰后，催化剂比表面积有所增加，但涨幅不大，孔径随 Fe 负载量先减小后增大。因此，过高的负载 Fe 含量可能导致样品的烧结和结晶晶粒的生长。与 Mo 修饰独居石催化剂相比，比表面积增加相对较少，说明 Fe 的主要作用不在于增加催化剂比表面积。与其他催化剂相比，Fe/Ce(0.5) 的

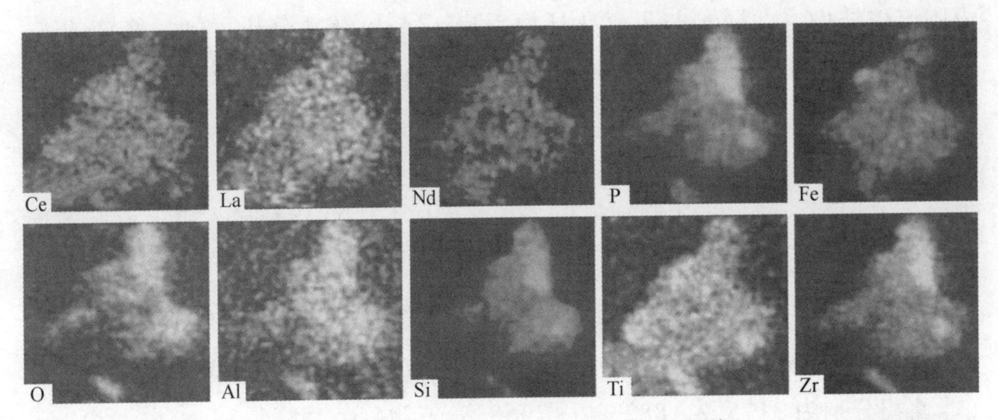

图 8-4 催化材料 Fe/Ce(0.5)的 EDS 图谱

图 8-4 彩图

孔径显著减小。独居石晶格中掺杂的 Fe 物种可以抑制独居石的结晶，获得非晶态的催化剂，而非晶态有利于形成小孔隙结构。较大的孔体积和较小的孔径可以提高催化活性，因为有利于反应物的传播。较小的 BET 比表面积可以削弱催化活性，因为其为反应物分子或中间体提供了较少的表面吸附位点。综上所述，分析认为 Fe/Ce(0.5)催化剂表现出优异的催化活性。

表 8-1 不同摩尔比 Fe 修饰的催化剂的 BET 分析

催化剂	独居石	Fe/Ce(0.25)	Fe/Ce(0.5)	Fe/Ce(0.75)	Fe/Ce(1)
比表面积/$m^2 \cdot g^{-1}$	59.21	66.98	67.77	65.57	55.03
孔体积/$mL \cdot g^{-1}$	0.1016	0.0895	0.0523	0.0385	0.0298
平均孔径/nm	0.7322	0.7531	0.7184	0.7187	0.7226

8.3.4 氧化还原特性分析

图 8-5 为纯独居石矿与不同 Fe 和 Ce 摩尔比复合催化材料的 H_2-TPR 曲线。原矿独居石在 706℃ 和 809℃ 时出现较大的还原峰，对应催化剂表面铈和体相铈 Ce^{4+} 向 Ce^{3+} 转化的过程[64]，与 Mo 修饰独居石相比，不同负载含量 Fe 的修饰对独居石样品氧化还原性均有不同程度的提高。Fe 修饰后，在 706℃ 和 809℃ 处的还原峰向低温移动较小，Fe 修饰的催化剂均在 500~600℃ 处出现了新的肩峰，这里的还原峰对应 Fe 和 Ce 的联合作用，属于 $Fe_2O_3 \rightarrow Fe_3O_4 \rightarrow FeO \rightarrow Fe$ 转化的过程，结合 XRD 分析，说明 Fe 和 Ce 可能形

成固溶体结构，共同参与了氧化还原反应。结合 SEM 分析可知，修饰的 Fe 物种在独居石表面覆盖，所以低温段由 Fe^{3+} 的还原为主。温度升高后，矿物催化材料中的氧化还原主要以 Ce 元素为主，在 700～800℃后出现了一段较高的还原峰。随着 Fe 负载量的增加，H_2 吸附量也明显增大，这说明催化剂表面的 Fe 与 Ce 间发生了强烈的电子相互作用，Fe 修饰独居石更加有利于催化还原反应的发生。一般认为，H_2 消耗峰的面积与催化剂还原性物质的数量成正比。表 8-2 为 H_2-TPR 吸脱附曲线峰面积和峰值温度，按 H_2 吸附量依次排列为 Fe/Ce(0.5) > Fe/Ce(1) > Fe/Ce(0.75) > Fe/Ce(0.25) > 独居石（峰面积分别为 9175.2、8823.7、7966.5、7794.6、5851.2）。

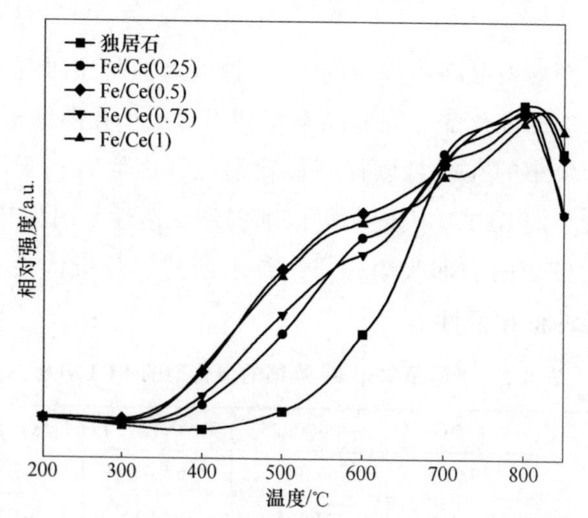

图 8-5 不同摩尔比 Fe 修饰的催化剂的 H_2-TPR 图谱

表 8-2 不同摩尔比 Fe 修饰的催化剂 H_2-TPR 吸脱附曲线峰面积

催化剂	峰值温度/℃	峰面积
独居石	706、809	5851.2
Fe/Ce(0.25)	578、700、794	7794.6
Fe/Ce(0.5)	550、697、815	9175.2
Fe/Ce(0.75)	565、715、795	7966.5
Fe/Ce(1)	550、697、825	8823.7

8.3.5 NH_3 吸附特性分析

为了探究 Fe 修饰对独居石表面 NH_3 吸附性能的影响进行了 NH_3-TPD 测

试。研究表明，催化剂表面的酸性位点是催化反应发生的必要因素，其种类和数量可以直接反映独居石对 NH_3 的吸附和活化能力。图 8-6 为 Fe 修饰独居石复合催化材料的 NH_3-TPD 图谱，从图中发现原矿独居石在 150℃ 左右出现较强的脱附峰，属于弱酸位点上物理吸附的 NH_3 和 Brønsted 酸性位点上 NH_3 的脱附，在 300℃ 左右有较宽的脱附峰，属于 Brønsted 酸性位点上 NH_3 的强吸附和 Lewis 酸性位点上 NH_3 的中等吸附[72]。与独居石原矿相比，Fe 修饰后的脱附峰向低温段偏移。据表 8-3，按 NH_3 吸附量依次排列为 Fe/Ce(0.5) > Fe/Ce(0.75) > Fe/Ce(0.25) > 独居石 > Fe/Ce(1)（峰面积分别为 1777.7、1741.8、1566.2、1458.5、1238.2）。

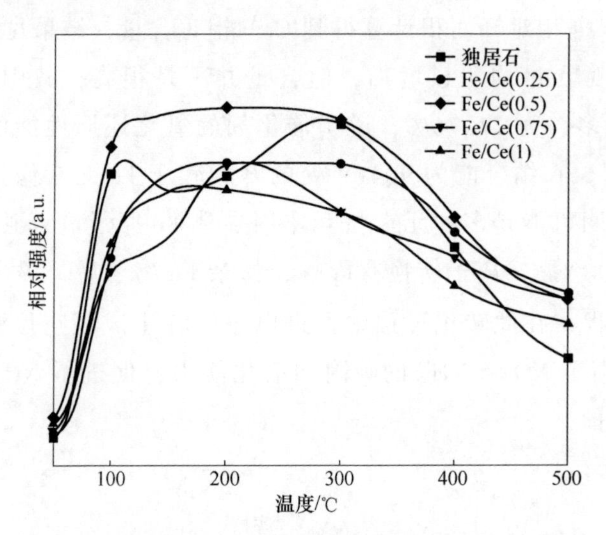

图 8-6 不同摩尔比 Fe 修饰的催化剂的 NH_3-TPD 图谱

表 8-3 不同摩尔比 Fe 修饰的催化剂 NH_3-TPD 吸脱附曲线峰面积

催化剂	峰值温度/℃	峰面积
独居石	111、287	1458.5
Fe/Ce(0.25)	160、300	1566.2
Fe/Ce(0.5)	111、250	1777.7
Fe/Ce(0.75)	105、225	1741.8
Fe/Ce(1)	175、315	1238.2

随着 Fe 负载量的增加，NH_3 的吸附量先增大后减小，说明 NH_3 的吸附能力受到修饰元素 Fe 含量的影响，这与活性测试结果一致。Fe 修饰后催化

剂表面酸性位点数量增加，NH_3 的吸附能力得到了明显的提升，所以催化剂低温段的脱硝活性增强。

8.3.6　表面元素价态分析

图 8-7～图 8-9 分别为独居石不同摩尔比 Fe 修饰的催化材料 Ce 3d、Fe 2p、O 1s 的 XPS 图谱。XPS 原始数据 Ce、Fe 和 O 处理采用分峰拟合。图 8-7为不同摩尔比独居石 Fe 修饰的矿物催化材料 Ce 3d 的 XPS 谱的分峰拟合，在化合物中 Ce 元素主要有两种价态，一般可由 8 个结合能分峰拟合，其中在 v′(885eV) 和 u″(904eV) 处的峰代表 Ce^{3+}，其他的峰代表 Ce^{4+}[73-75]。根据相对峰面积计算得到 Ce^{3+}相对含量，结果见表 8-4。Fe 修饰后，Ce^{3+}相对含量均明显增加，但含量并不是很高，其中 Fe/Ce(0.5) 的 Ce^{3+}含量最多，为 27.76%，说明催化剂的氧化还原性能的提高不全是 Ce 离子的作用。在结合能为 904eV 处的峰相较于 Fe 元素修饰的样品峰型发生偏移，说明可能是多种元素相互作用导致 Fe 原子进入独居石晶格中。适量负载 Fe_2O_3 对 Ce 离子转换有影响，掺杂 Fe 离子后，提出发生 Ce^{4+}→Ce^{3+}的转化过程，在此转化过程中促进电子转移生成氧空位和不饱和化学键[76]从而提高了 NO 和 NH_3 的吸附和活化能力，促进了 NO 分子的分解，提高了催化性能。

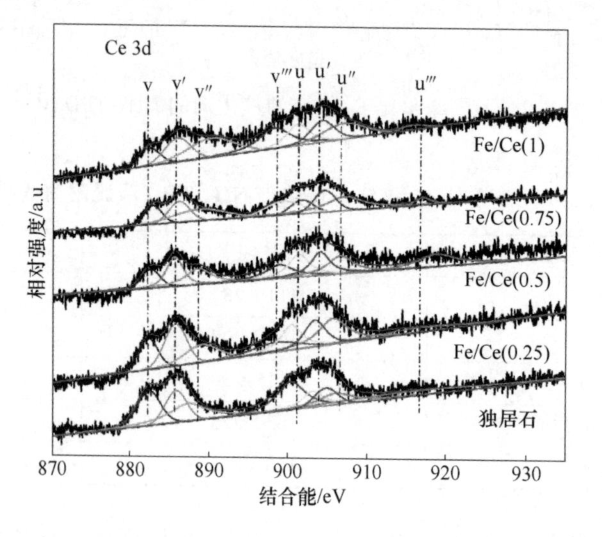

图 8-7 彩图

图 8-7　不同摩尔比 Fe 修饰的催化剂表面 Ce 3d 的 XPS 图谱

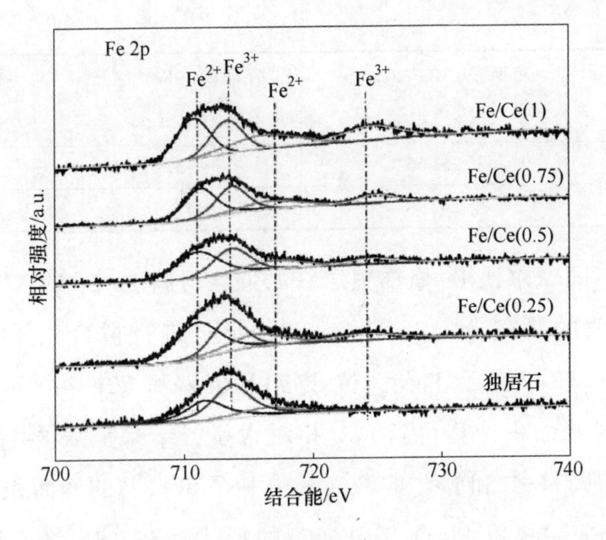

图 8-8 彩图

图 8-8 不同摩尔比 Fe 修饰的催化剂表面 Fe 2p 的 XPS 图谱

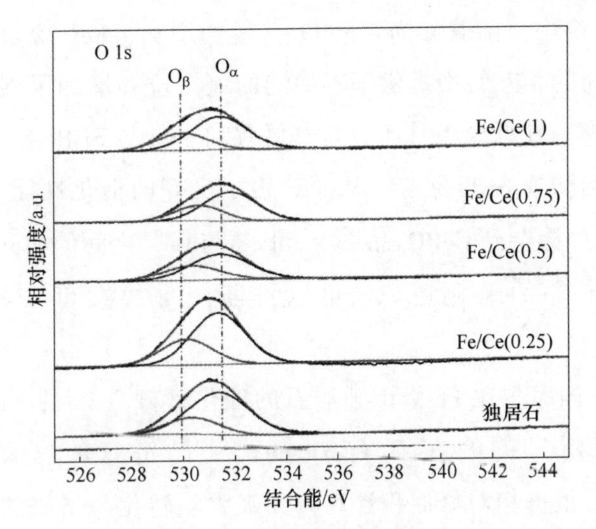

图 8-9 彩图

图 8-9 不同摩尔比 Fe 修饰的催化剂表面 O 1s 的 XPS 图谱

表 8-4 不同摩尔比 Fe 修饰的催化剂不同价态元素的峰面积占比

催化剂	峰面积 ($Ce^{3+}/Ce^{3+}+Ce^{4+}$)/%	峰面积 ($Fe^{3+}/Fe^{2+}+Fe^{3+}$)/%	峰面积 ($O_\beta/O_\beta+O_\alpha$)/%
独居石	18.48	40.99	25.37
Fe/Ce(0.25)	26.14	41.05	32.70
Fe/Ce(0.5)	27.76	42.88	35.30

续表 8-4

催化剂	峰面积（$Ce^{3+}/Ce^{3+}+Ce^{4+}$）/%	峰面积（$Fe^{3+}/Fe^{2+}+Fe^{3+}$）/%	峰面积（$O_\beta/O_\beta+O_\alpha$）/%
Fe/Ce(0.75)	25.65	43.87	32.70
Fe/Ce(1)	24.96	47.14	31.88

图 8-8 为不同摩尔比 Fe 修饰独居石的催化材料 Fe 2p 的 XPS 谱的分峰拟合图。根据先前的研究[92-93]，对 Fe 2p 的谱峰进行拟合，其中 712.4eV 和 718.6eV 左右的峰归属于 Fe^{2+}，位于 713.6eV 和 726.4eV 的峰被归因于 Fe^{3+}。根据相对峰面积计算得到 Fe^{3+} 相对含量，结果见表 8-4。Fe 修饰独居石表面同时出现了 Fe^{3+} 和 Fe^{2+} 的峰，其中 Fe^{3+} 和 Fe^{2+} 的峰面积相差不大，说明矿物表面的 Fe 主要以 Fe_2O_3 和 Fe_3O_4 的形式存在，Fe 修饰后在结合能为 712.4eV 处的峰相较于原矿独居石的样品峰型发生少量偏移，说明可能是 Fe 进入了 Ce 的晶格中。随着修饰元素 Fe 含量的增加，Fe^{3+} 含量少量增加。在 Fe^{2+} 和 Fe^{3+} 之间的相互转换提供了不稳定的氧空位和增加了催化剂表面晶格氧物种的迁移率。在低温条件下，Fe^{3+} 更有利于参与 SCR 反应，促进 NO 氧化为 NO_2，参与快速 SCR 反应，从而获得了良好的催化性能。结合 XRD 的结果，将 Fe 物种掺杂到 $CePO_4$ 晶格中，Fe^{3+} 与 Ce^{3+} 之间的相互作用导致 $Fe^{2+}+Ce^{4+} \rightleftharpoons Fe^{3+}+Ce^{3+}$ 的氧化还原。可以推断，Fe 掺杂可以改善氧化还原性能[79]。

图 8-9 为不同摩尔比 Fe 修饰独居石的催化材料 O 1s 的 XPS 谱的分峰拟合图，其中吸附氧的峰在 O_α（531.1eV），晶格氧的峰在 O_β（529.1～529.8eV）[76]。根据相对峰面积计算得到吸附氧转化晶格氧的相对含量，结果见表 8-4。独居石原矿的晶格氧占比为 25.37%，随着负载 Fe_2O_3 含量的增加，表面晶格氧引起的峰面积随着 Fe 离子浓度的增加而逐渐增大，晶格氧的相对含量先增加后减小，其中 Fe/Ce(0.5) 的含量最高，占比达到 35.3%，说明 Fe 和 Ce 之间存在协同作用，产生更多氧空位，即活性氧增多[94-95]。表面吸附氧含量减小可以加速 NO 氧化为 NO_2 参与快速 SCR 反应，在低温反应中起着关键作用[54]，但表面吸附氧含量并不是决定催化剂低温脱硝活性的唯一因素。

8.4 催化剂的脱硝机理研究

在本节中，以Fe修饰独居石的脱硝活性最佳样品Fe/Ce(0.5)作为研究对象，研究NH_3/ $NO+O_2$在样品表面的吸附特性、吸附形式、吸附量和瞬态反应等情况。

8.4.1 催化剂表面$NH_3/NO+O_2$的吸附

图8-10为Fe/Ce(0.5)在300℃时表面NH_3吸附的原位红外光谱。随着NH_3的通入，表面出现一系列吸附峰，主要为$3450cm^{-1}$、$3301cm^{-1}$、$3132cm^{-1}$、$1623cm^{-1}$、$1528cm^{-1}$、$1405cm^{-1}$、$1115cm^{-1}$和$966cm^{-1}$。其中$3450cm^{-1}$和$3301cm^{-1}$处出现的峰归属于N—H键的拉伸振动[92]，$3132cm^{-1}$的吸附峰归属于配位氨N—H键的剪切振动[106]，$966cm^{-1}$处出现的峰归属于弱吸附态的NH_3[33]。催化剂表面同时出现属于Brønsted酸性位点形成的NH_4^+的对称变形振动吸附峰（$1623cm^{-1}$、$1405cm^{-1}$）[96, 107]，NH_3被氧化形成的中间产物）—NH_2的吸附峰（$1528cm^{-1}$）[108]，其氧来源于催化剂中的晶格氧，$1115cm^{-1}$处出现的峰[99]归属于Lewis酸性位点的NH_3的协同振动。随着时间增加，吸附峰强度逐渐增大，表面同时存在Lewis酸性位点和Brønsted酸性位点。由于离子NH_4^+和配位NH_3都能参与SCR反应，因此在

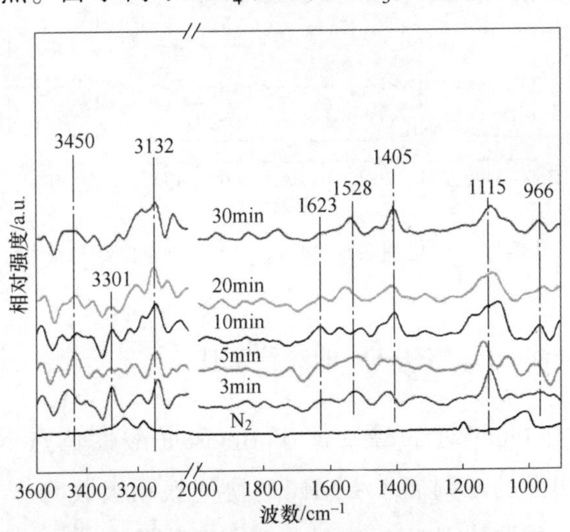

图8-10 催化剂表面NH_3吸附原位红外光谱

较低温度下，Lewis酸性位点或Brønsted酸性位点在催化剂上的适当比例可能与其较高的SCR活性有关。

图8-11为Fe/Ce(0.5)在300℃时表面$NO+O_2$吸附的原位红外光谱。随着$NO+O_2$的通入，表面出现一系列吸附峰，吸附峰出现位置主要为3100~3500cm^{-1}、1407cm^{-1}、1280cm^{-1}、1181cm^{-1}和1033cm^{-1}。3100~3500cm^{-1}处的峰归属于吸附在Ce、La和Fe位点的双齿硝酸盐吸附峰[87]。1407cm^{-1}、1280cm^{-1}和1033cm^{-1}处的峰归属于吸附在Ce、La、Fe和Nd位点的单齿硝酸盐吸附峰[96, 109]，并随着时间的增加，吸附峰增强。1181cm^{-1}处的峰归属于吸附在Fe位点的桥式硝酸盐[106]。随着吸附时间的增加，表面NO_x的吸附峰逐渐增强。这是由于催化剂经修饰焙烧后，比表面积增大，并出现铁铈复合氧化物结构，具有较强的吸附能力和氧化还原能力，更多的NO_x在催化剂表面吸附、氧化形成硝酸盐物种。同时Ce、La和Fe等金属元素可以暴露出活性位点，NO_x在催化剂表面吸附增强。

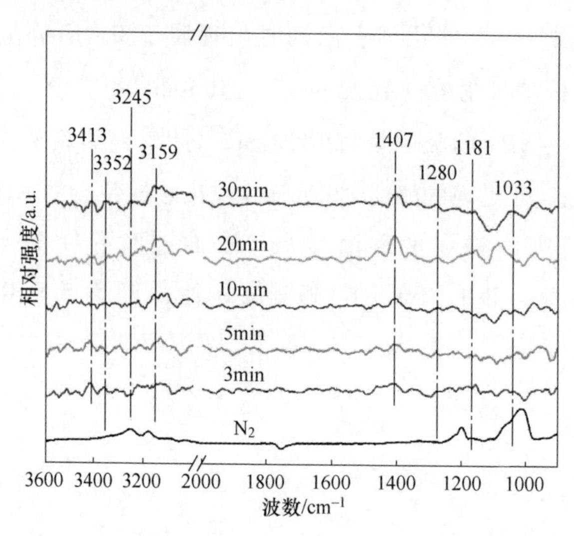

图8-11 催化剂表面$NO+O_2$吸附的原位红外光谱

8.4.2 催化剂表面$NH_3/NO+O_2$的热稳定性

图8-12中1454cm^{-1}处的峰归属于Brønsted酸性位点NH_4^+的振动吸收峰[90]。1096cm^{-1}处的峰归属于—NH_2的协同振动吸收峰[110]，1519cm^{-1}处的峰归属于Lewis酸性位点NH_3的对称弯曲振动模式[82]。还有属于Lewis酸

性位点 NH_3 的 N—H 伸缩振动模式（$3261cm^{-1}$、$3309cm^{-1}$ 和 $3396cm^{-1}$）[92]。Lewis 酸性位点 NH_3 的 N—H 键剪切振动峰出现在 $3197cm^{-1}$ 处，同时出现 NH_3 和表面氧之间的结合振动吸收峰（$1580cm^{-1}$）[96]，Brønsted 酸性位点 NH_4^+ 振动吸收峰（$1540cm^{-1}$、$1649cm^{-1}$ 和 $3083cm^{-1}$）[87, 89, 92]。随着温度的升高，催化剂表面在 $1096cm^{-1}$ 处的氨物种逐渐被催化剂内部的吸附氧消耗，导致峰变小。在 $3261cm^{-1}$ 和 $3396cm^{-1}$ 处，Lewis 酸性位点随着温度的升高而逐渐减弱，在 400℃ 时完全消失，同时在 $3309cm^{-1}$、$1580cm^{-1}$ 和 $1519cm^{-1}$ 处出现新的 Lewis 酸性位点振动峰，而在 $1454cm^{-1}$、$3083cm^{-1}$ 和 $1649cm^{-1}$ 处的 Brønsted 酸性位点随着温度的升高而逐渐稳定。这表明在低于 300℃ 下，催化剂表面同时存在 NH_3 在 Lewis 酸性位点和 Brønsted 酸性位点上的吸附。300℃ 以上，在 Lewis 酸性位点上吸附的 NH_3 减少，Brønsted 酸性位点吸附的 NH_4^+ 增加，并最终存在。NH_3 的原位红外吸附结果为 Fe 在 100～400℃ 范围内提高 NH_3-SCR 的 N_2 选择性提供了有力证据。在较大程度上，NH_x 物种通过氨解离在 Brønsted 酸性位点上填充，然后选择性地与吸附的 NO_x 反应形成 N_2。

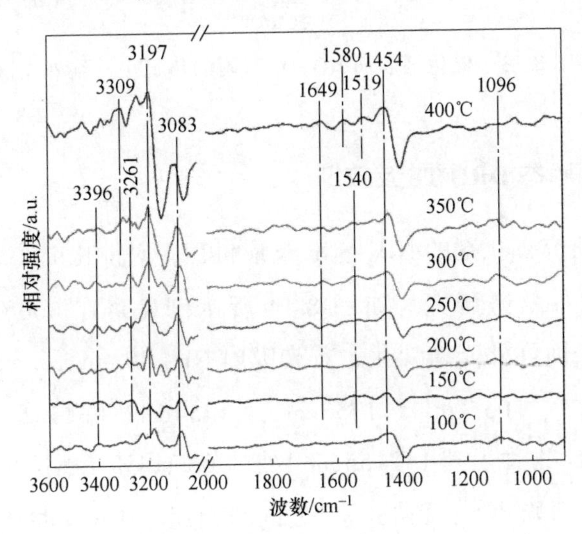

图 8-12 催化剂表面 NH_3 吸附的热稳定性红外光谱

图 8-13 为 Fe/Ce(0.5) 表面 $NO+O_2$ 吸附随温度变化的原位红外光谱，其中3100～$3500cm^{-1}$ 处的峰为吸附于 Ce、La 和 Fe 位点的双齿硝酸盐吸附峰，$3080cm^{-1}$ 处的峰归属于 O—H 键的拉伸振动[87]。$1432cm^{-1}$ 处的峰属于

硝基物种NO_2的吸收振动峰[79]。双齿硝酸盐的振动峰出现在$1338cm^{-1}$处[111]，且并未随着温度的升高而消失，一直保持稳定。当温度升高至350℃时，位于$3413cm^{-1}$和$3228cm^{-1}$处的双齿硝酸盐振动峰消失。在整个反应温度段内，双齿硝酸盐占主要地位，中低温段催化剂表面吸附NO含量丰富。

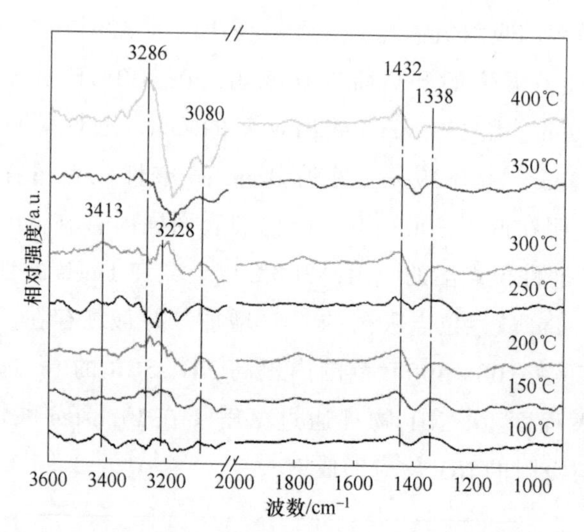

图8-13 催化剂表面$NO+O_2$吸附的热稳定性红外光谱

8.4.3 催化剂瞬态DRIFTS反应

为进一步研究催化剂的NH_3-SCR反应机理，对催化剂在最佳脱硝条件下进行了原位红外光谱研究。如图8-14所示，观察在300℃条件下Fe/Ce(0.5)催化剂表面红外光谱变化，首先吸附NH_3 40min后，可以发现催化剂表面在$3155cm^{-1}$、$3055cm^{-1}$、$1753cm^{-1}$、$1454cm^{-1}$和$1145cm^{-1}$处出现了吸附较稳定的NH_3物种。其中$3155cm^{-1}$处的峰归属于Lewis酸性位点NH_3的N—H键剪切振动峰[106]，$1145cm^{-1}$处的峰归属于Lewis酸性位点上NH_3的对称弯曲振动[112]，$1454cm^{-1}$、$1753cm^{-1}$和$3055cm^{-1}$处的峰归属于Brønsted酸性位点的NH_4^+振动吸收峰[77, 92]。关闭NH_3，再通入$NO+O_2$气体，当$NO+O_2$通入3min时，$1454cm^{-1}$、$1753cm^{-1}$和$3055cm^{-1}$处Brønsted酸性位点上的NH_4^+物种以及$3155cm^{-1}$处属于Lewis酸性位点上的NH_3物种迅速减少，说

明此处 NH_3/NH_4^+物种可以快速与 NO 发生反应，催化剂表面存在E-R反应机理，主要反应物种为 NH_3/NH_4^+物种和 NO 物种。随着 $NO+O_2$ 通入时间的增加，催化剂表面在 3155cm^{-1}、3055cm^{-1}处的峰强度开始增强，此时的峰归属于双齿硝酸盐物种的振动峰，同时在 1008cm^{-1}和 1617cm^{-1}处出现 NO 吸附物种的红外吸收峰，分别属于单齿硝酸盐和桥式硝酸盐物种[64, 113]。在 5min 后，单齿硝酸盐物种的吸收峰强度发生减弱又增强的现象，根据 Fe/Ce(0.5)催化剂吸附 $NO+O_2$ 随时间变化的红外光谱可知，单齿硝酸盐物种随时间的变化非常稳定，所以此时单齿硝酸盐的减弱可能是和未完全反应的 NH_3/NH_4^+物种发生反应，说明存在 L-H 机理。

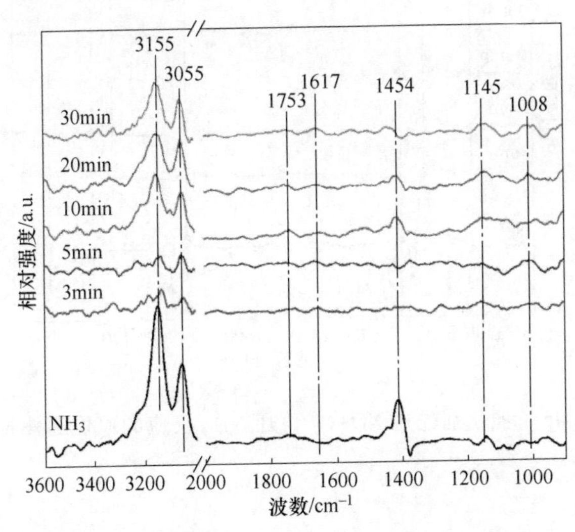

图 8-14 催化剂先通 NH_3 再通 $NO+O_2$ 反应的原位红外光谱

为进一步研究催化剂的 NH_3-SCR 反应机理，在最佳脱硝温度条件下对催化剂进行了表面 NH_3 与预先吸附 $NO+O_2$ 的物种反应的原位红外实验。如图 8-15 所示，观察在 300℃条件下 Fe/Ce(0.5)催化剂表面红外光谱变化，首先吸附 $NO+O_2$ 40min 后，可以发现催化剂表面在 3174cm^{-1}、3080cm^{-1}、1432cm^{-1}、1192cm^{-1}和 1008cm^{-1}处出现了吸附较稳定的硝酸盐物种，可以观察到在 3080cm^{-1}和 3174cm^{-1}处的双齿硝酸盐振动峰。1432cm^{-1}处的峰归属于 trans-$N_2O_2^{2-}$ 物种[109]。图 8-15 中还可观察到 1008cm^{-1}处属于单齿硝酸盐的峰和 1192cm^{-1} 处属于桥式硝酸盐的峰[103]。切换通入 NH_3 后，1008cm^{-1}处单齿硝酸盐峰和 1432cm^{-1} 处 trans-$N_2O_2^{2-}$ 物种减少和消失，

3080cm^{-1}和3174cm^{-1}处归属于双齿硝酸盐的振动峰强度减弱，桥式硝酸盐的峰（1192cm^{-1}）在初始阶段保持稳定，20min后才出现峰强度的减弱，说明桥式硝酸盐基本不参与SCR反应，trans-$N_2O_2^{2-}$物种、单齿硝酸盐及双齿硝酸盐物种均参与了反应，与NH_3吸附物种发生了反应，催化剂表面存在L-H机理。随着NH_3通入时间的增加，出现了NH_3吸附在Lewis酸性位点的红外峰（1232cm^{-1}和3353cm^{-1}）。

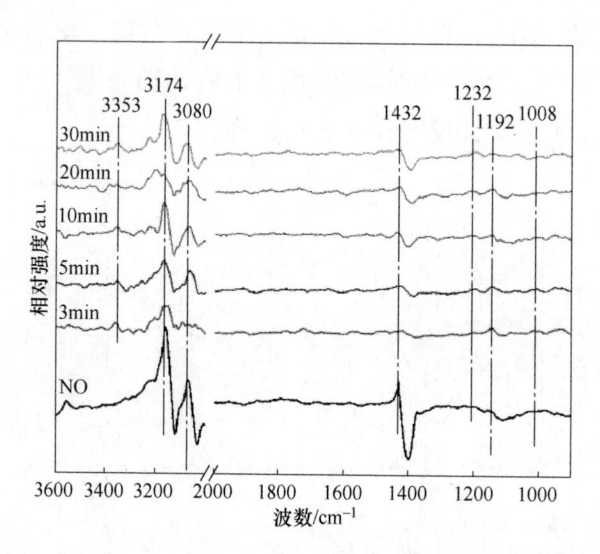

图8-15 催化剂先通$NO+O_2$再通NH_3反应的原位红外光谱

8.5 本章小结

本章采用Fe修饰独居石以提高其催化活性，通过NH_3-SCR、XRD、SEM、BET、H_2-TPR、NH_3-TPD、XPS和FTIR对催化材料表面性质及催化机理进行研究，结果如下。

（1）使用浸渍法制备Fe/Ce(*y*)复合催化剂，当Fe与Ce摩尔比为0.5、反应温度为300℃时，NO的去除率能达到80.52%。Fe/Ce(0.5)在所有测试样品中表现出最佳的结构特征：表面粗糙且多孔，增大了比表面积；且Fe_2O_3高度分散在独居石催化剂表面上，形成了少部分的铁铈复合氧化物，独居石表面出现大量裂纹与孔洞，催化材料中Ce^{3+}和Fe^{2+}所占比例增加，提高了催化材料的氧化还原能力，并具有大量酸性位点，表面吸附 NH_3 的能力逐渐提升，从而提高了矿物催化材料脱硝活性。

（2）根据红外分析，在低于 300℃ 时，NH_3 在催化剂表面同时存在 Lewis 酸性位点和 Brønsted 酸性位点的吸附。在 300℃ 以上时，Brønsted 酸性位点吸附量增加，最终存在，但 Lewis 酸性位点上 NH_3 的吸附量减少。单齿硝酸盐和双齿硝酸盐为 NO 主要吸附物种。所以低温段同时存在 E-R 和 L-H 机理，高温段以 L-H 反应机理为主。

（3）Fe 修饰后，催化剂的氧化还原能力和 NH_3 的吸附活化能力均有所提升，活性比负载 Mo 提高 5%，且脱硝活性最佳温度向低温移动，但最佳温度窗口较小，所以在下一章节针对这一现象重新选取修饰元素，拓宽催化剂的脱硝温度窗口。

9 Mn修饰独居石催化剂NH_3-SCR脱硝性能研究

据第8章可知Fe修饰独居石后可以提高催化剂脱硝活性，且活性最佳温度向低温移动，但温度窗口窄。诸多研究表明催化剂中掺杂Mn，可以在提高催化剂脱硝活性的同时拓宽反应温度窗口，在提高催化剂氧化还原性能和酸性位点的同时可以很大程度改善催化剂的脱硝效率。本章以独居石精矿为研究对象，采用浸渍法负载Mn进行修饰，得到Mn修饰独居石催化剂，复合催化剂以Mn/Ce(z)方式命名，其中z代表Mn与Ce摩尔比，具体z为0.1、0.25、0.4和0.6。

9.1 催化剂的制备

采用浸渍法制备脱硝催化剂。将独居石研磨、过筛，用标准筛筛分取粒度300目独居石，称取5g独居石粉末置于30mL蒸馏水中，将$Mn(NO_3)_2$在研钵中研磨10~15min后溶于含有独居石的蒸馏水中，而后磁力搅拌2h，沉淀老化24h，之后置于干燥箱中90℃条件下烘干，然后置于马弗炉中500℃焙烧2h，得到独居石掺杂Mn氧化物的催化剂，复合催化剂以Mn/Ce(z)方式命名，其中z代表Mn与Ce摩尔比，具体为0.1、0.25、0.4、0.6。

9.2 Mn修饰独居石精矿催化剂的脱硝活性评价

考察不同摩尔比的Mn修饰对独居石催化剂脱硝性能的影响。NO_x转化率随反应温度变化的曲线如图9-1所示，同时给出了天然独居石的NO_x转化率。据图9-1，发现原矿在200~350℃范围内催化活性较差，当温度在200℃以下时，NO_x转化率迅速降低。为了提高低温活性、拓宽温度窗口，采用 Mn 修饰催化剂的表面和结构。由脱硝活性结果可知，Mn 修饰独居石催化剂后脱硝活性得到明显提升，且温度窗口向低温方向移动，同时在 200~350℃范围内保持了良好的催化效率。其中 Mn/Ce(0.25)的活性最好，反应温度为 300℃时，NO_x 转化率达 73%，且低温段 200℃时，催化活性从 22.5%提高到 65%。过量 Mn 修饰后，NO_x 转化率有减弱的趋势，但整体来说脱硝活性有很大提高。结合实验结果，最终确定 Mn/Ce(0.25)脱硝性能最佳，Mn 修饰对催化剂的活性有很大的影响，新形成的物质与其他组分之间的协同作用提高了催化活性。

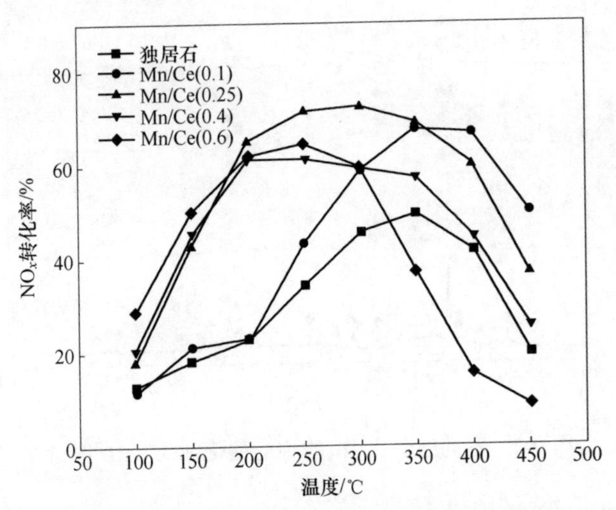

图 9-1 不同摩尔比 Mn 修饰的催化剂 NO_x 转化率

9.3 Mn 修饰独居石精矿催化剂的物理化学性质

9.3.1 物相及晶相分析

为了进一步探究 Mn 修饰对矿物表面物质晶相的影响进行了 XRD 分析。图 9-2 是纯独居石矿与不同 Mn 和 Ce 摩尔比复合催化材料的 XRD 图谱。与纯独居石矿相比，Mn/Ce(0.25)经 Mn 改性处理后各矿相的衍射峰强度明显减弱且峰宽增大，推测可能是有一些 Mn 原子进入独居石矿晶格中，与矿物表面的 Ce 形成固溶体结构。从 XRD 中可以看出，独居石表面 MnO_2 的衍射峰强度较弱，MnO_2 在矿物表面的结晶度较小、分散性较好，但随着独居石表面 Mn 元素的负载量逐渐增加，铈磷酸盐峰强度存在减弱的趋势，但 MnO_2 的衍射峰强度增强，并出现 MnO_2 的尖锐衍射峰。研究表明，活性组分在催化剂表面的分散性是影响催化剂脱硝活性的原因之一，结晶度更小的组分与不同元素之间的接触率更大，可以更好地发挥各元素之间的协同作用。矿物分散性增强且相对匀称，所以催化剂的催化反应效率有所提高。

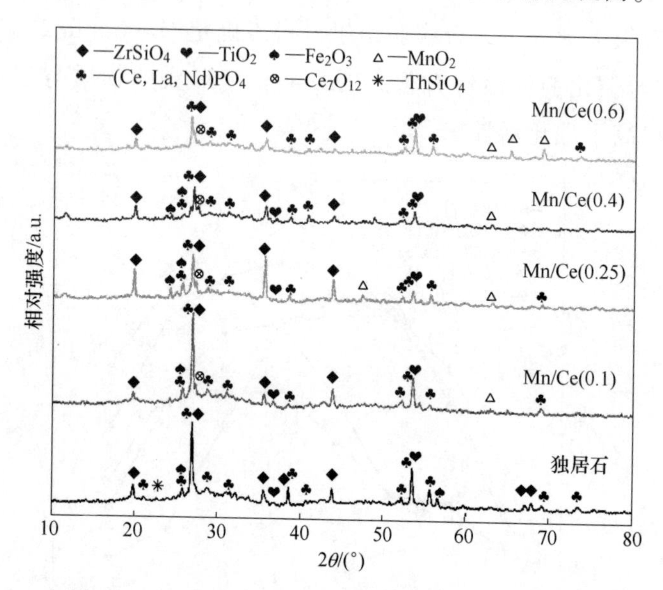

图 9-2　不同摩尔比 Mn 修饰的催化剂的 XRD 图谱

9.3.2　表面形貌分析

图 9-3 为纯独居石矿与不同 Mn 与 Ce 摩尔比复合催化材料的表面形貌。从扫描电镜图谱可以直观地观察到 Mn 修饰独居石矿表面的形貌，辅以图9-4 EDS 图谱可以清晰地观察到催化剂表面元素的分布情况，图中原矿独居石焙烧后表面粗糙，出现细小裂纹，比表面积明显增大，为接下来的 Mn 修饰表面提供了一定的空间，有效地使稀土矿物中的 Ce 和 Mn 接触，更易形成固溶体结构。Mn 修饰后 Mn/Ce(0.25) 催化剂表面出现了大量的孔隙结构和裂纹，但随着 Mn 负载含量的增加，Mn/Ce(0.6) 催化剂表面孔隙结构和裂纹减少，催化剂表面被 MnO_2 聚集体密集包裹，孔隙堵塞严重。过量的 MnO_2 不仅破坏了催化剂的裂纹结构，而且导致了孔隙结构的阻塞。在整个脱硝反应过程中，反应气体扩散到达催化材料孔洞表面进行反应，反应产物再扩散离开孔洞表面，因此，催化材料的脱硝性能直接受到孔洞结构的影响。

图 9-3　不同摩尔比 Mn 修饰的催化剂的 SEM 图谱

（a）独居石；（b）Mn/Ce(0.1)；（c）Mn/Ce(0.25)；（d）Mn/Ce(0.4)；（e）Mn/Ce(0.6)

图 9-4 为矿物催化材料 Mn/Ce(0.25) 的 EDS 能谱检测图，其中主要分析对象为 Mn 和矿物中主要成分，分析结果表明催化剂含有 Ce、P、O、Mn、Si 和 Zr 等元素。由图 9-4 可知，该矿物颗粒上 Mn 和稀土元素分布较均匀，

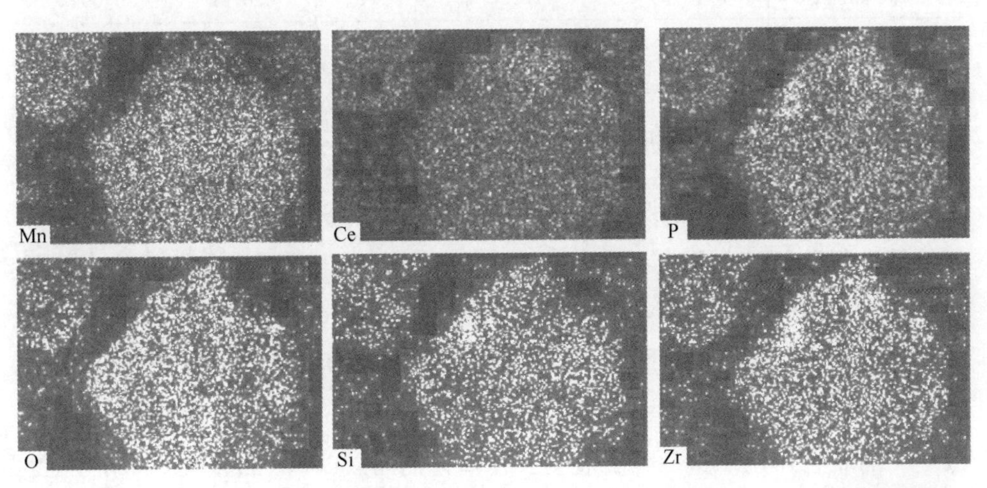

图 9-4　催化材料 Mn/Ce(0.25) 的 EDS 图谱

图 9-4 彩图

这与 XRD 检测到的结果一致。以上结果表明，正是 Mn 元素的引入改变了催化剂的表面性能，提高了催化剂的 NO_x 转化率。

9.3.3　表面孔隙结构分析

纯独居石矿与不同 Mn 与 Ce 摩尔比复合催化材料的多孔结构参数见表 9-1。较大的比表面积可以为 NH_3-SCR 反应提供更多的位点。Mn 修饰后，催化剂的比表面积增加，为 65.57m^2/g。同时，Mn/Ce(0.25)的孔径较小，说明催化剂中形成的微孔较多，从而提高了比表面积。然而随着 MnO_x 的增加，催化剂的比表面积逐渐稳定。Mn/Ce(0.1)的 BET 面积大于 Mn/Ce(0.25)，但催化性能下降。结果表明，比表面积只是影响催化活性的因素之一，而不是主要原因。较大的比表面积为反应物分子或中间体提供了较多的表面吸附位点。综上分析，发现 Mn/Ce(0.25)催化剂表现出优异的催化活性。

表 9-1　不同摩尔比 Mn 修饰的催化剂的 BET 分析

催化剂	独居石	Mn/Ce(0.1)	Mn/Ce(0.25)	Mn/Ce(0.4)	Mn/Ce(0.6)
比表面积/$m^2 \cdot g^{-1}$	59.21	79.48	65.57	65.89	65.97
孔体积/$mL \cdot g^{-1}$	0.1016	0.1163	0.0811	0.0799	0.0914
平均孔径/nm	0.732	0.8402	0.7412	0.6558	0.6617

9.3.4　氧化还原特性分析

为了进一步了解 Mn 改性对催化剂表面性能的影响，对催化剂的氧化还原性能进行分析。如图 9-5 所示，经 MnO_x 修饰后，还原峰向较低的温度转移。与 Mo 和 Fe 修饰独居石相比，对于 Mn/Ce(0.25)，在 517℃ 处检测到一个新的还原峰，这主要可归因于 MnO_x 物种（$MnO_2 \rightarrow Mn_3O_4$）的还原；在 646℃ 处检测到一个还原峰，这主要归因于 Ce 和 Mn（$Mn_3O_4 \rightarrow MnO$ 和 $Ce^{4+} \rightarrow Ce^{3+}$）的联合作用。这一事实表明，在催化剂 Mn/Ce(0.25)上，Ce 和 Mn 之间的强相互作用使催化剂更容易还原。因此，通过增强 $Ce^{3+} \rightleftharpoons Ce^{4+}$ 与 $Mn^{4+} \rightleftharpoons Mn^{3+} \rightleftharpoons Mn^{2+}$ 之间的氧化还原循环，提高了催化剂的还原能力。另外，值得注意的是 Mn/Ce(0.25)的起始温度也低于独居石原矿，说明活性氧更容易从催化剂表面释放出来，从而具有良好的低温活性。当 Mn 与 Ce 的摩尔比增加到

0.6 时，还原峰又向高温方向移动。XRD 结果表明，此时形成了结晶 MnO_2，晶体结构相对稳定，减少了催化剂缺陷和氧空位的数量。H_2 还原峰面积随着 Mn 修饰含量的增加而增加，相比于其他 Mn 修饰的催化剂，Mn/Ce(0.6) 有着最大的峰面积，说明此时催化剂的还原能力达到了最强，催化剂具有优异的氧化还原能力。由表 9-2，按 H_2 吸附量依次排列为 Mn/Ce(0.6) > Mn/Ce(0.4) > Mn/Ce(0.25) > Mn/Ce(0.1) > 独居石（峰面积分别为 18118.1、15301.2、10702.4、8879.1、5854.3）。

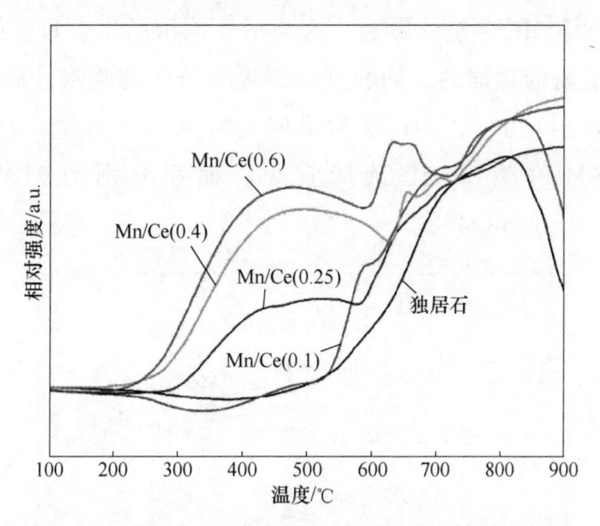

图 9-5　不同摩尔比 Mn 修饰的催化剂的 H_2-TPR 图谱

表 9-2　不同摩尔比 Mn 修饰的催化剂 H_2-TPR 吸脱附曲线峰面积

催化剂	峰值温度/℃	峰面积
独居石	706、809	5854.3
Mn/Ce(0.1)	596、698、819	8879.1
Mn/Ce(0.25)	517、646、703	10702.4
Mn/Ce(0.4)	496、655、708	15301.2
Mn/Ce(0.6)	477、652、771	18118.1

9.3.5　NH_3 吸附特性分析

催化剂的表面酸度是影响 NH_3-SCR 反应性能的另一个重要因素。因此，本研究选择 NH_3-TPD 技术来研究这些样品的表面活性，如图 9-6 所示，所有催化剂均有一个较宽的氨解吸峰（50~500℃），100~160℃ 内的解吸峰可归属于物理吸附的氨物种，180～260℃内的解吸峰属于弱 NH_3 结合/酸性位点[114-115]。然而，Mn 修饰后可以观察到 3 个解吸峰，这表明当 MnO_x 物质装载在催化剂表面时，出现了一个新的解吸峰（约 450℃）。根据解吸峰温度与酸强度[106]的关系，新的解吸峰可归属于中等强度 Lewis 酸性位点结合的 NH_3，表明 Mn 修饰后催化剂表面的酸性位点更加丰富。通过对催化剂的 NH_3-TPD 定量分析，可以得到一些有用的信息。结果表明，Mn 修饰后峰面积有所增加，但峰面积在 Mn 负载量过高时有所减小。以上说明 NH_3 的吸附能力受到修饰元素 Mn 含量的影响，这与活性测试结果一致。结果表明，Mn 改性可以有效提高催化剂的表面酸度，促进氨分子的吸附，最终提高催化剂脱硝性能。由表 9-3 可得，NH_3 吸附量依次为 Mn/Ce(0.25)>Mn/Ce(0.1)>Mn/Ce(0.4)>Mn/Ce(0.6)>独居石（峰面积分别为 3135.4、3074.1、2994.6、2977.1、1458.4）。

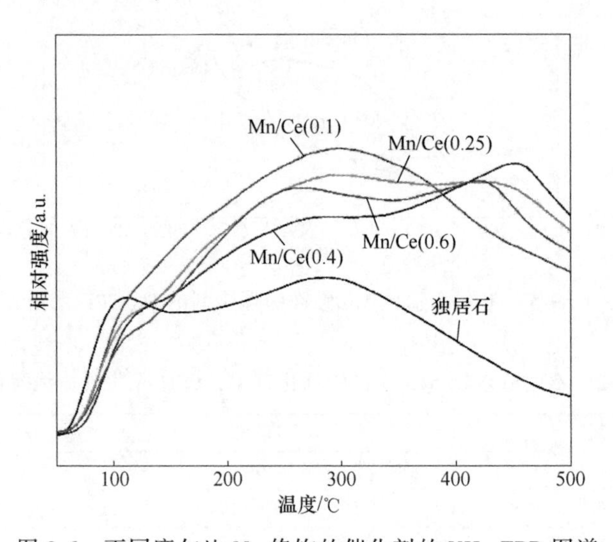

图 9-6 不同摩尔比 Mn 修饰的催化剂的 NH_3-TPD 图谱

表 9-3 不同摩尔比 Mn 修饰的催化剂 NH_3-TPD 吸脱附曲线峰面积

催化剂	峰值温度/℃	峰面积
独居石	111、287	1458.4
Mn/Ce(0.1)	119、299	3074.1
Mn/Ce(0.25)	117、298、441	3135.4
Mn/Ce(0.4)	123、290、451	2994.6
Mn/Ce(0.6)	110、267、421	2977.1

9.3.6 表面元素价态分析

对催化材料采用 X 射线光电子能谱（XPS）实验，研究这些样品上元素的价态统计值和氧的种类，结果如图 9-7～图 9-9 所示。同时计算了催化剂的表面元素价态占比，结果见表 9-4。对这些催化剂的 Ce 3d 光谱进行分峰，如图 9-7 所示，在化合物中 Ce 元素主要有两种价态，标记为 v′和 u 的分峰属于 Ce^{3+}，而其他的分峰对应于 Ce^{4+}。通过定量分析，可以得到一些有用的信息。一般认为，v′与 u 分峰的面积与总共 8 个分峰的面积比可以反映样品表面的 Ce^{3+} 相对含量。因此，本书根据上述面积比计算了 Ce^{3+} 的所占比值，见表 9-4。计算结果表明，引入 MnO_x 后，催化剂表面的 Ce^{3+} 相对含量从 18.43%增加到最高为 27.36%。与独居石原矿相比，催化剂的 Ce^{3+} 相对含量增加，可能是 MnO_x 改性后氧空位增加所致。Ce^{3+} 向 Ce^{4+} 的价态转移能力增强，Ce^{3+} 与吸附态的一氧化氮和氧气结合生成亚硝酸盐—NO_2，促进了 NO 向—NO_2 的转化。

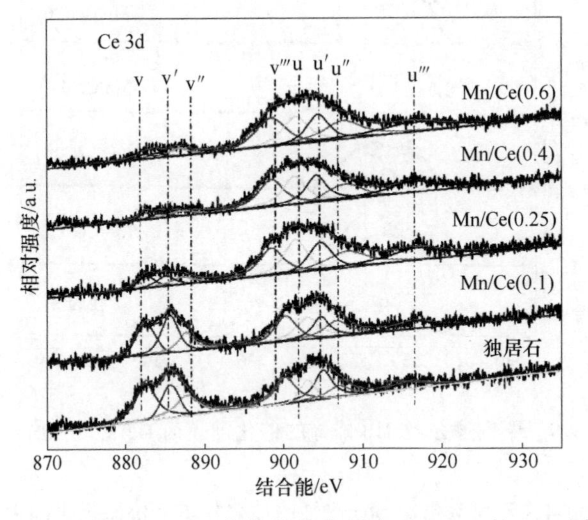

图 9-7 彩图

图 9-7 不同摩尔比 Mn 修饰的催化剂表面 Ce 3d 的 XPS 图谱

如图 9-8 所示，催化剂的 Mn 2p 光谱由 Mn^{4+}、Mn^{3+} 和 Mn^{2+} 三个元素价态分峰拟合[76,116]。据文献报道[117-118]，Mn^{4+} 物种在低温 NH_3-SCR 反应中起着重要的促进作用。因此，本书计算了催化剂中 Mn^{4+} 的相对含量，见表 9-4，可以观察到Mn/Ce(0.25)的 Mn^{4+} 相对含量(26.47%) 明显大于

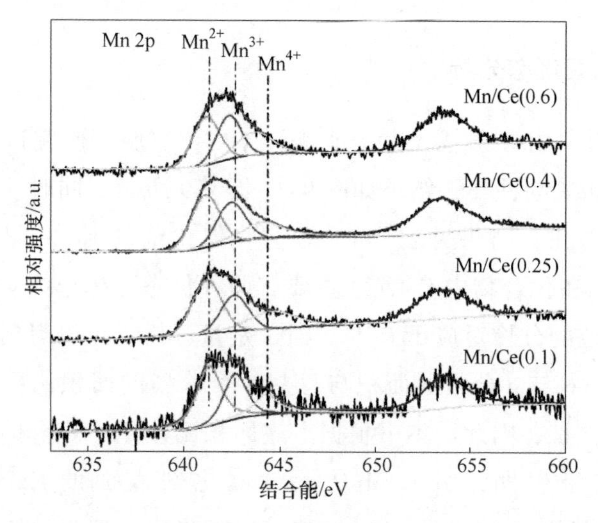

图 9-8 彩图

图 9-8　不同摩尔比 Mn 修饰的催化剂表面 Mn 2p 的 XPS 图谱

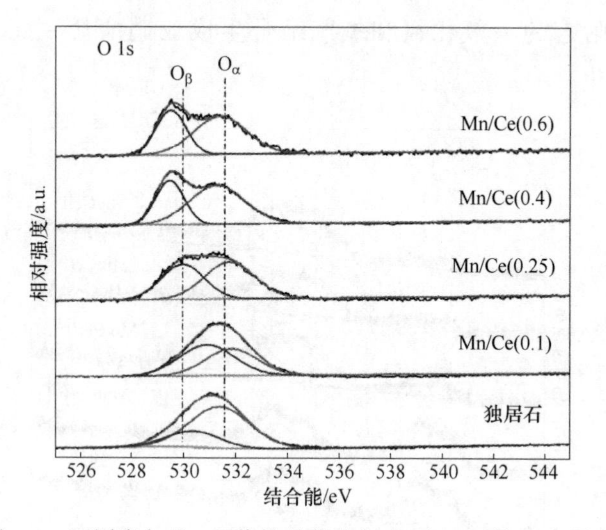

图 9-9 彩图

图 9-9　不同摩尔比 Mn 修饰的催化剂表面 O 1s 的 XPS 图谱

表 9-4　不同摩尔比 Mn 修饰的催化剂不同价态元素的占比

催化剂	峰面积 $(Ce^{3+}/Ce^{3+}+Ce^{4+})$/%	峰面积 $(O_\beta/O_\beta+O_\alpha)$/%	峰面积 (Mn^{2+}/Mn)/%	峰面积 (Mn^{3+}/Mn)/%	峰面积 (Mn^{4+}/Mn)/%
独居石	18.48	25.37	—	—	—
Mn/Ce (0.1)	27.36	44.96	50.19	31.46	18.18

续表 9-4

催化剂	峰面积 $(Ce^{3+}/Ce^{3+}+Ce^{4+})$/%	峰面积 $(O_\beta/O_\beta+O_\alpha)$/%	峰面积 (Mn^{2+}/Mn)/%	峰面积 (Mn^{3+}/Mn)/%	峰面积 (Mn^{4+}/Mn)/%
Mn/Ce (0.25)	23.32	55.34	45.42	28.11	26.47
Mn/Ce (0.4)	20.97	63.32	42.14	31.4	26.45
Mn/Ce (0.6)	17.23	60.43	41.01	33.69	25.29

Mn/Ce(0.1)的Mn^{4+}相对含量（18.18%）。但随着MnO_x的增加，Mn^{4+}的相对含量逐渐稳定。据以往研究[119]，Mn^{4+}的高氧化还原能力使NO被氧化成NO_2，这有助于NO_2参与“快速SCR”，从而促进氮氧化物的转化。更多的Mn^{4+}也会提供更多的氧空位。

氧的表面迁移和转化，特别是活性氧，对NH_3-SCR反应起着重要作用。催化材料的O 1s光谱分析如图9-9所示，由两个结合能峰拟合。标记为高结合能的O_α的宽峰对应于表面吸附的氧种类，而低结合能标记为O_β的宽峰对应于这些催化剂的晶格氧种类[76,115]。从表9-4可以看出，O_β的相对含量从25.37%（独居石）增加到63.32%［Mn/Ce(0.4)］，说明MnO_x修饰后的表面晶格氧量显著增加。此外，作为NH_3-SCR反应中活性最强的氧，表面吸附的氧由于其高流动性，可以加速NO氧化为NO_2，通过“快速SCR”途径对NH_3-SCR反应有促进作用：$NO+NO_2+2NH_3 = 2N_2+3H_2O$。众所周知，该途径在低温SCR反应中起着关键作用[64,114]。所以，表面吸附氧含量并不是决定催化剂低温脱硝活性的唯一因素。

9.4 催化剂的脱硝机理研究

在本节中，以Mn修饰独居石的脱硝活性最佳样品Mn/Ce(0.25)作为研究对象，研究NH_3/NO+O_2在样品表面的吸附特性、吸附形式、吸附量和瞬态反应等情况。

9.4.1 催化剂表面NH_3/NO+O_2的吸附

为了进一步研究Mn/Ce(0.25)催化剂上的NH_3-SCR反应机理，在300℃

条件下对催化剂进行了表面 NH_3 吸附的原位红外实验。图 9-10 显示了 NH_3 在催化剂吸附的红外光谱，随着 NH_3 的通入，在图中检测到了 $1242cm^{-1}$、$1334cm^{-1}$、$1442cm^{-1}$、$1528cm^{-1}$、$1604cm^{-1}$、$1654cm^{-1}$ 和 $1718cm^{-1}$ 处的吸附峰。$1334cm^{-1}$、$1442cm^{-1}$、$1654cm^{-1}$ 和 $1718cm^{-1}$ 处的峰属于吸附在 Brønsted 酸性位点形成的 NH_4^+ 的对称变形振动吸附峰[61,64,77]。在 $1528cm^{-1}$ 处的吸收峰与—NH_2 物种相关。在 $1242cm^{-1}$ 和 $1604cm^{-1}$ 处形成的吸附峰可能是 NH_3 在 Lewis 酸性位点的吸附所致[80]。从图 9-10 中可以看出随着时间增加，吸附峰强度逐渐增大，表面同时存在 Lewis 酸性位点和 Brønsted 酸性位点。但 Brønsted 酸性位点数量比 Lewis 酸性位点数量更多。结果表明，Mn 的引入可为催化剂表面提供更强的酸性位点促进反应。Brønsted 酸性位点丰富，提供了大量的酸性位点，从而使独居石矿的中低温 NH_3-SCR 催化活性提高。

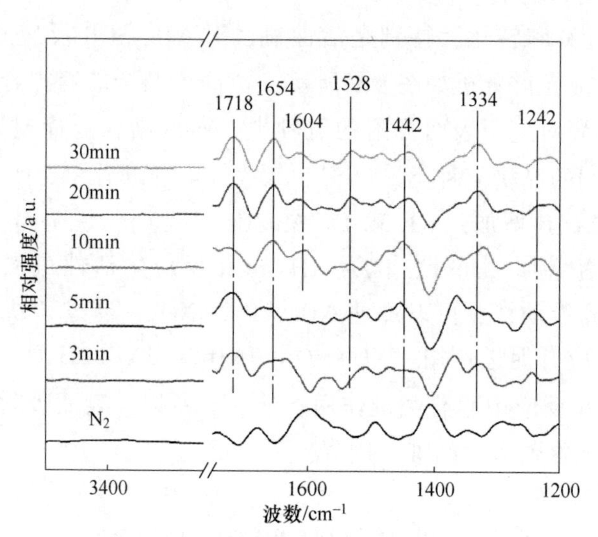

图 9-10 催化剂表面 NH_3 吸附的原位红外光谱

图 9-11 为 Mn/Ce(0.25) 在 300℃ 时表面 $NO+O_2$ 吸附的原位红外光谱。从图 9-11 中可以看出，随着 $NO+O_2$ 的通入，表面出现一系列吸附峰，吸附峰出现位置主要为 $1710cm^{-1}$、$1645cm^{-1}$、$1467cm^{-1}$、$1421cm^{-1}$、$1323cm^{-1}$ 和 $1264cm^{-1}$。$1710cm^{-1}$ 处的峰归属于双齿硝酸盐，吸附位点为 Ce 和 Mn[120]；$1467cm^{-1}$ 处的峰归属于吸附在 Ce、Mn 位点的单齿硝酸盐吸附峰[88]，还有 $1323cm^{-1}$、$1264cm^{-1}$ 和 $1421cm^{-1}$ 处归属于桥式硝酸盐的振动

峰[64,100,121]。1645cm^{-1}处的振动峰归属于中间产物 NO_2 物种，且随着 NO+O_2 通入时间的增加保持稳定。当通入 10min 的 NO 和 O_2 后，1264cm^{-1}和1421cm^{-1}处振动峰消失，1467cm^{-1}处的吸附峰先消失后又出现，说明桥式硝酸盐和单齿硝酸盐不稳定存在于催化剂表面。催化剂表面 NO_x 吸附物种丰富，NO_x 吸附活化能力提高，可有效提高催化剂的 NH_3-SCR 活性，根据硝酸盐物种的数量以及峰强度可知催化剂表面与金属离子成键的主要硝酸盐物种为桥式硝酸盐物种，还伴随着双齿硝酸盐和单齿硝酸盐物种共同作用促进反应。

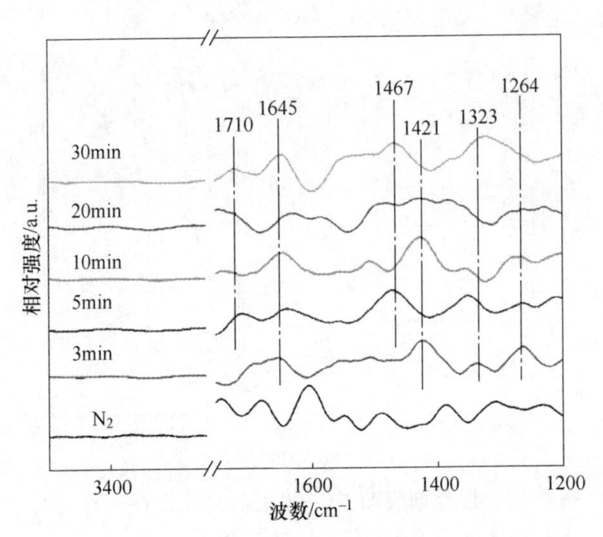

图 9-11 催化剂表面 NO+O_2 吸附的原位红外光谱

9.4.2 催化剂表面 NH_3/NO+O_2 的热稳定性

图 9-12 中 1718cm^{-1}、1654cm^{-1}和 1390cm^{-1}处的峰归属于 Brønsted 酸性位点 NH_4^+振动吸收峰[86]。1504cm^{-1}、1604cm^{-1}和 1467cm^{-1}处的峰归属于 Lewis 酸性位点 NH_3 的振动吸附峰[122-124]。随着温度的升高，催化剂表面在 1718cm^{-1}、1654cm^{-1}和 1390cm^{-1}处的 Brønsted 酸性位点 NH_4^+振动吸收峰变小，400℃时完全消失。在 1504cm^{-1}和 1604cm^{-1}处，Lewis 酸性位点 NH_3 的振动吸附峰随着温度的升高在 250℃时消失，后又出现而逐渐稳定，但 1467cm^{-1}处的峰在 400℃时完全消失。在 150℃时出现的 1321cm^{-1}处的峰归

属于 Brønsted 酸性位点 NH_4^+ 振动吸收峰[93]，但随着温度升高，在250℃时消失。同时在 $1334cm^{-1}$ 处出现新的属于 Brønsted 酸性位点的 NH_4^+ 振动吸收峰。在整个温度区间内，Brønsted 酸性位点和 Lewis 酸性位点均参与了 NH_3-SCR 反应过程。在低温段参与反应的酸性位点更多，Brønsted 酸性位点为主要酸性位点，在 SCR 反应中占主导地位。随着温度的升高，Brønsted 酸性位点吸附峰强度逐渐减弱，使得脱硝效率有所下降，所以催化剂活性温度窗口拓宽且向低温偏移，这与活性测试结果一致。

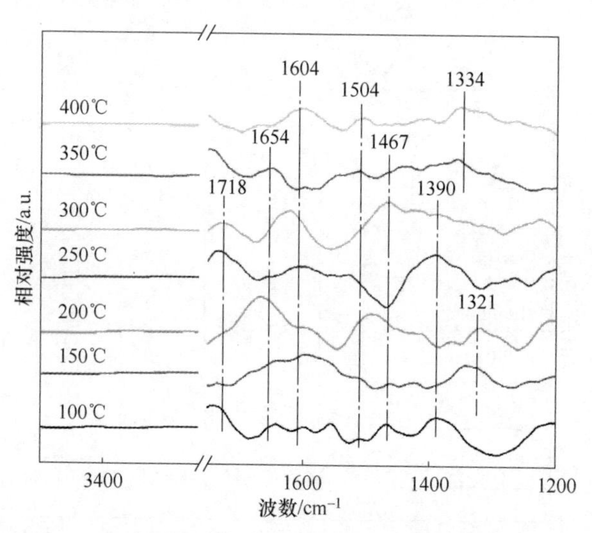

图 9-12 催化剂表面 NH_3 吸附的热稳定性红外光谱

图 9-13 为 Mn/Ce(0.25)表面 $NO+O_2$ 吸附随温度变化的原位红外光谱。从图 9-13 中可以看出，$1264cm^{-1}$ 和 $1554cm^{-1}$ 处的峰分别归属于桥式硝酸盐和双齿硝酸盐的振动峰[69]，在整个温度区间内，两个吸附峰随着温度变化间断性消失和出现，表明桥式硝酸盐和双齿硝酸盐易受到温度的影响而发生分解，这也是高温下脱硝活性较差的原因。$1462cm^{-1}$ 和 $1421cm^{-1}$ 处的峰分别归属于单齿亚硝酸盐和桥式亚硝酸盐的振动峰，相对较为稳定，占据活性位点。温度升高至200℃时，出现新的振动峰，分别为 $1710cm^{-1}$ 处归属于双齿硝酸盐的吸附峰和 $1323cm^{-1}$ 处归属于桥式硝酸盐的吸附峰。$1645cm^{-1}$ 处的振动峰归属于中间产物 NO_2 物种，随着温度升高，振动峰偏移至 $1625cm^{-1}$ 处，催化剂中硝基类基团稳定存在，并与通入的 NO 发生可逆反应，源源不断地产生亚硝基类基团和 NO_2。中低温段催化剂表面的硝酸盐物

种丰富，具有更好的 NO 吸附活化能力，从而提高催化剂低温脱硝性能。

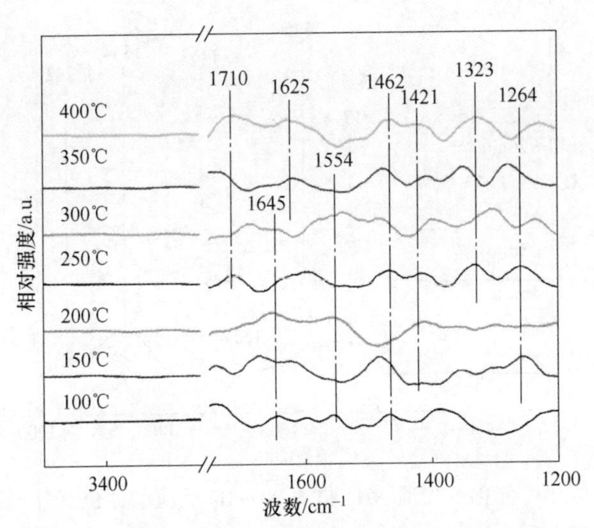

图 9-13 催化剂表面 $NO+O_2$ 吸附的热稳定性红外光谱

9.4.3 催化剂瞬态 DRIFTS 反应

观察如图 9-14 所示 300℃条件下 Mn/Ce(0.25)催化剂表面红外光谱变化，首先吸附 NH_3 40min 后，可以发现催化剂表面出现了 Brønsted 酸性位点吸附 NH_4^+（1718cm^{-1}、1654cm^{-1}和 1334cm^{-1}）、Lewis 配位 NH_3（1498cm^{-1}和 1242cm^{-1}）和吸附并活化的 NH_3 反应生成的中间产物—NH_2（1528cm^{-1}）的吸收峰。停止通入 NH_3，再通入 $NO+O_2$ 气体，当 $NO+O_2$ 通入 5min 时，1718cm^{-1}和 1654cm^{-1}处 Brønsted 酸性位点上的 NH_4^+ 物种、1498cm^{-1}处归属于 Lewis 酸性位点上的 NH_3 物种和 1528cm^{-1}处的中间产物—NH_2 的吸收峰迅速减少，—NH_2 中间体起源于催化剂表面被活性位点活化的配位 NH_3 和 NH_4^+ 物种。结果表明，—NH_2 是其与 NO(g)反应形成 NH_2NO 的重要中间体，并进一步分解为 N_2 和水，说明此处 NH_3/NH_4^+ 物种可以快速与 NO 发生反应，催化剂表面存在 E-R 反应机理。持续通入 $NO+O_2$ 后，催化剂表面出现新的属于硝酸盐物种的谱带。1467cm^{-1}处出现新的吸附于 Ce 和 Mn 位点的单齿硝酸盐和 1645cm^{-1}处出现归属于中间产物 NO_2 物种的振动峰。

观察如图 9-15 所示 300℃条件下 Mn/Ce(0.25)催化剂表面红外光谱变化，首先吸附 $NO+O_2$ 40min 后，可以发现催化剂表面在 1710cm^{-1}、

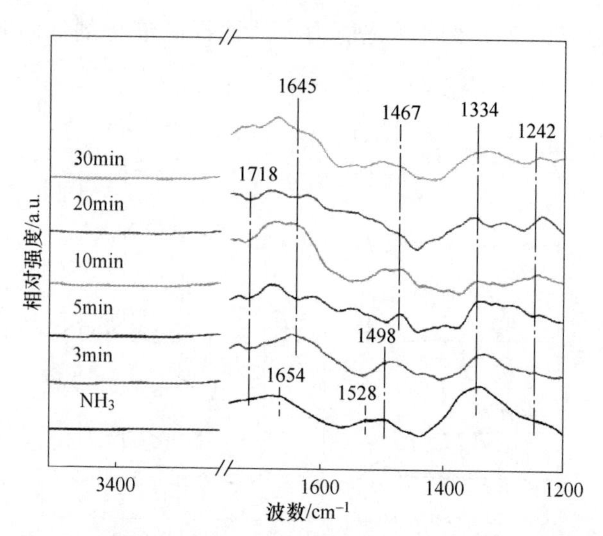

图 9-14　催化剂先通 NH_3 再通 $NO+O_2$ 反应的原位红外光谱

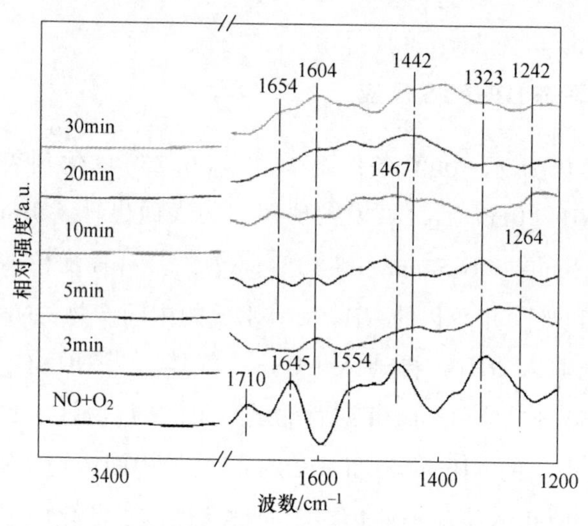

图 9-15　催化剂先通 $NO+O_2$ 再通 NH_3 反应的原位红外光谱

$1645cm^{-1}$、$1554cm^{-1}$、$1467cm^{-1}$、$1323cm^{-1}$ 和 $1264cm^{-1}$ 处出现了吸附较稳定的硝酸盐物种。其中 $1710cm^{-1}$ 和 $1554cm^{-1}$ 处的峰归属于双齿硝酸盐振动峰，$1645cm^{-1}$ 处的峰归属于 NO_2 物种的振动峰，$1323cm^{-1}$ 和 $1264cm^{-1}$ 处的峰归属于桥式硝酸盐振动峰，$1467cm^{-1}$ 处的峰归属于单齿硝酸盐振动峰。随着 NH_3 的吹扫，这些峰逐渐下降，并在 5min 后消失，说明桥式硝酸盐、

NO_2 物种、单齿硝酸盐以及双齿硝酸盐物种均参与了反应，与 NH_3 吸附物种发生了反应，说明催化剂表面存在 L-H 机理。还原剂 NH_3 通入后，出现了 Brønsted 酸性位点吸附 NH_4^+（$1654cm^{-1}$ 和 $1442cm^{-1}$）、Lewis 配位 NH_3（$1604cm^{-1}$和 $1242cm^{-1}$）的吸收峰。从图 9-15 中可以看出 NH_4^+在 Brønsted 酸性位点上的吸附峰强度先增强后减弱，说明吸附不稳定，易发生分解。因此，L-H 机理主要反应物为 Lewis 酸吸附的 NH_3 物种和催化剂表面硝酸盐物种。

9.4.4 反应机理分析

使用浸渍法制备 Mn/Ce(*z*)复合催化剂，独居石引入 Mn 后，最佳活性温度向低温移动，300℃时脱硝活性达到最高（为 73%），在 200℃时活性从 22.5%提高到 65%，低温段活性提高明显。与独居石原矿相比，$CePO_4$的衍射峰强度明显减弱，且 Mo、Mn 修饰后出现了金属氧化物与磷酸盐的重叠峰，在矿物表面稳定存在；提高了催化剂表面 Ce^{3+}、Mn^{3+}和 Mn^{4+}的相对含量。因此，催化剂的还原能力大大提高，对提高低温活性起到了重要作用。当然，表面活性氧物种、缺陷和酸性强度的增加也是 Mn 改性催化剂脱硝温度窗口非常宽的原因。在高于 300℃时，NH_3 在催化剂表面 Lewis 酸性位点的吸附占据活性位点。NO 主要吸附物种为桥式硝酸盐、单齿硝酸盐和双齿硝酸盐。综上，低于 300℃时以 L-H 反应机理为主，高于 300℃时以 E-R 反应机理为主。

根据反应机理推断反应方程式如下：

$$NH_3(g) \longrightarrow NH_3(ad) \quad \text{(Lewis 酸性位点或 Brønsted 酸性位点)} \tag{9-1}$$

E-R 机理：

$$NH_3(ad) + —Mo^{6+}/Fe^{3+}/Mn^{4+} \longrightarrow —NH_2 + Mo^{5+}/Fe^{2+}/Mn^{3+} + 2H^+ \tag{9-2}$$

$$—NH_2 + —Mo^{6+}/Fe^{3+}/Mn^{4+} \longrightarrow —NH + Mo^{5+}/Fe^{2+}/Mn^{3+} + H^+ \tag{9-3}$$

$$Ce^{3+}—NH_2 + NO(g) \longrightarrow Ce^{4+} + N_2 + H_2O + 1/2O^- \tag{9-4}$$

$$—NH_2 + NO \longrightarrow NH_2NO \longrightarrow N_2 + H_2O \tag{9-5}$$

L-H 机理：

$$NO(g) \rightleftharpoons NO(ad) \tag{9-6}$$

$$NO(ad) + O^- \longrightarrow —NO_2^- \tag{9-7}$$

$$NO(ad) + 2O^- \longrightarrow —NO_3^-(\text{单齿/桥式硝酸盐}) \tag{9-8}$$

$$Mo^{6+}/Fe^{3+}/Mn^{4+}—NH_2 + —NO_2^- \longrightarrow Mo^{5+}/Fe^{2+}/Mn^{3+} + N_2 + H_2O + 1/2O_2 \tag{9-9}$$

$$Mo^{6+}/Fe^{3+}/Mn^{4+}—NH_2 + —NO_3^- \longrightarrow Mo^{5+}/Fe^{2+}/Mn^{3+} + N_2 + H_2O + O_2 \tag{9-10}$$

$$Ce^{4+} + Mo^{5+}/Fe^{2+}/Mn^{3+} \rightleftharpoons Ce^{3+} + Mo^{6+}/Fe^{3+}/Mn^{4+} \tag{9-11}$$

9.5 本 章 小 结

本章采用 Mn 修饰独居石提高其催化活性，通过 NH_3-SCR、XRD、SEM、BET、H_2-TPR、NH_3-TPD、XPS 和 FTIR 对催化剂表面性质和催化机理进行研究，结果如下。

（1）使用浸渍法制备 Mn/Ce(z)复合催化剂，独居石表面引入 Mn 后，最佳活性温度向低温移动，Mn/Ce(0.25)在 300℃时脱硝活性达到最高（为 73%），在 200℃时活性从 22.5%提高到 65%。值得注意的是，Mn 改性提高了催化剂的比表面积，同时提高了催化剂表面 Ce^{3+}、Mn^{3+} 和 Mn^{4+} 的相对含量。因此，催化剂的还原能力大大提高，对提高低温活性起到了重要作用。当然，表面活性氧物种、缺陷和酸性强度的增加也是 Mn 改性催化剂脱硝温度窗口非常宽的原因。

（2）根据红外分析，NH_3/NH_4^+ 物种可以快速与 NO 发生反应，催化剂表面存在 E-R 反应机理。催化剂表面存在 L-H 机理，主要反应物为 Lewis 酸吸附的 NH_3 物种和催化剂表面的硝酸盐物种。在 300℃以上，NH_3 在 Brønsted 酸性位点的吸附减少，Lewis 配位 NH_3 的吸附占据主要活性位点。因此，在 300℃以下时以 L-H 反应机理为主，300℃以上时以 E-R 反应机理为主。

（3）Mn 修饰后，催化剂的氧化还原能力和 NH_3 的吸附活化能力均有所提升，脱硝活性的最佳温度向低温移动，拓宽了催化剂的脱硝温度窗口。

第3篇　稀土尾矿基催化剂的制备及其对低浓度甲烷催化性能的研究

10　研究背景及意义

10.1　煤层气危害

煤矿瓦斯（又称煤层气）是煤层中的一种伴生气体，其主要成分为甲烷，甲烷占比在95%以上。我国采矿以井工开采为主，为了确保采矿工人的安全，通常采用大型的通风管道向矿井中通入大量空气来稀释矿井中的煤层气，受目前技术的限制，稀释后的气体只能随管道排入大气中[125-128]。众所周知，CH_4是一种仅次于 CO_2 的长寿命温室气体[129]，温室效应程度更是 CO_2 的 21~23 倍[130]。低浓度甲烷（甲烷浓度小于 30%）不同于高浓度甲烷（甲烷浓度大于 30%），不仅难以作为清洁能源，且很难处理，传统燃烧法处理温度高达 1500℃，同时还会伴随着 NO_x 及 CO 气体的产生，造成二次污染[131-132]；与此同时，其燃烧产物以可见光的形式释放能量，能量利用率较低；若甲烷融入水层中，地层水受到污染，不仅不利于植被的生长，还会威胁动物和人类的健康[133]。

10.2　尾矿资源回收利用

矿产资源是人类赖以生存的重要资源，是我国工业发展的基础，具有不可再生性和不可替代性，与此同时，有价矿产资源的综合回收利用水平也是目前衡量一个国家经济实力与科技水平的重要标准之一。在环保意识日渐高涨的今天，尾矿资源的回收及综合利用已引起世界各国的广泛重视[134]。包头市白云鄂博矿是大型的铁、稀土、铌共生矿床，其中铁元素主要赋存于赤铁矿中，氟元素主要赋存于萤石中，稀土矿物赋存于氟碳铈矿和独居石中[135]。白云鄂博矿稀土储量占全国的83%，居全国第一。白云鄂博矿每年的开采量巨大，在选铁、选稀土过程中产生大量废弃物，而这些废弃物均置于尾矿坝中堆存。尾矿的露天堆积使周围农田污染，植被毁灭殆尽，造成生态失衡[136]；与此同时，为防止溃坝出现，在尾矿坝的修复与维护上需要大量的资金支持。尾矿的大面积堆存不但造成资源的浪费、生态环境的污染，更不利于经济的可持续发展。据调查，尾矿依然具有很高的利用价值，其中稀土氧化物（REO）含量超过800万吨，平均品位超过6%，与原矿稀土品位相当，价值可观。稀土氧化物作为尾矿中最重要、最有潜力的物质之一，因其特殊的变价特性和化学活性，在制备催化材料方面备受关注[137]。

10.3　甲烷控制技术

目前对于这种低浓度煤矿甲烷，最有效且广泛的处理方法是催化燃烧法，因此寻找一种经济高效的催化剂原料是解决问题的关键。相较于火焰燃烧法，催化燃烧法具有以下优点[138]：（1）起燃温度低，能量消耗相对较小；（2）以无焰方式处理，减少以可见光形式消耗的能量；（3）反应温度相对较低，减少NO_x等污染物的排放，避免二次污染；（4）浓度适应范围宽，可在更高的空燃比范围内进行；（5）降低燃烧峰值温度，易控制。

10.4　甲烷燃烧催化剂的国内外研究现状

10.4.1　整体式催化剂

目前，传统颗粒状催化剂在实际应用中往往会出现床层压力大、气体扩散不充分等问题。与传统颗粒状催化剂相比，整体式催化剂应用于工业中具有床层压力降低、传质效率高、耐热性良好等优良性能，更适合实际应用。

根据国内外研究现状，催化低浓度甲烷燃烧常用的整体式催化剂主要分为两类：贵金属整体式催化剂、非贵金属整体式催化剂。

10.4.1.1 贵金属整体式催化剂

贵金属整体式催化剂常以 γ-Al_2O_3、堇青石或非金属氧化物等为载体（骨架），以 Ce、La、Co、Cu、Cr、Ni 等为助剂[139-141]，最后以 Pd、Pt 和 Rh 为活性组分[142]。贵金属催化剂中的贵金属通过使原本比较稳定的反应物分子形成自由基来触发链式反应[143]，从而起到降低反应键能的效果，因此贵金属催化剂的催化性能较好，在催化方面备受关注。

范超[144]以蜂窝状堇青石为载体，以聚乙烯醇纤维（PVA）溶液与 ZSM-5混合制得的分子筛为第二载体（活性涂层），以 Pd 为活性组分，将制得的整体式催化剂用于催化甲烷燃烧，结果表明当 Pd 整体负载量为 1.12% 时，催化剂具有较好的催化性能，起燃温度（T_{10}）与完全燃烧温度（T_{90}）分别为 271℃与 385℃。与传统的粉末状催化剂相比，此整体式催化剂的催化性能有大幅度提高，且在不同温度下 435h 长周期测试实验中表现出优异的抗热稳定性。

Koshi Sekizawa[145]研究了以 MO_x（M=T、Al、Zn、Nb、Sn、Y、Zr）为载体、Pd 为活性组分的催化剂对甲烷的催化燃烧性能，并与 Pd/Al_2O_3 进行对比。其中，以 SnO_2 为载体时制备的整体式催化剂的催化性能较为优异，温度为 360℃时甲烷转化率即可达到 50%，比 Al_2O_3 作为载体的 T_{50} 降低了 70℃。

梁文俊[146]等以 Al_2O_3 粉末为载体、$Ce(NO_3)_2$ 与 $PbCl_2$ 为活性物质来源，采用浸渍法制备 Pb-Ce/Al_2O_3 催化剂，并对 CH_4 进行催化燃烧，实验表明反应温度为 375~450℃时的 Pb-Ce/Al_2O_3 的催化效率比 Pd/Al_2O_3 高出 20%左右。通过循环试验，Pb-Ce/Al_2O_3 催化剂的催化性能随着试验次数的增加而增加，在第五次达到最优，说明活性组分 PdO 与助剂 CeO_2 间的协同作用随着试验次数的增加而增加。这是由于 CeO_2 提高了活性组分 PdO 在载体表面的分散性，同时提高了催化剂表面的脱附氧能力。由此可知，通过在催化剂中引入一定量的 Ce 元素作为助剂，可大大提高催化剂在燃烧反应中的热稳定性。

徐鹏[147]等以 Mn_2O_3 为载体，通过负载活性组分 Pt-Pd 制备整体式催化剂，结果表明载体具有高质量的三维有序的多孔结构，较高的比表面积为催化剂增加了更多的活性位点，从而增加了催化剂活性。甲烷活性检测结果显示其 T_{10}、T_{50}和 T_{90}分别为 265℃、345℃和 425℃。然而贵金属催化剂并不是万能的，其易中毒、高温易挥发的缺陷并不能被忽视，这也迫使它的应用被限制在反应器的低温起燃部分。

贵金属催化剂虽然具有较高的催化性能，但由于储量低、价格高昂等缺点而不易实现工业化，同时贵金属催化剂的耐热稳定性极差，高温条件下极易烧结以致活性物质的性质发生变化或失活，这也是难以实现工业化的主要原因之一。

10.4.1.2　非贵金属整体式催化剂

李默君[148]以泡沫碳化硅为催化剂载体、γ-Al_2O_3 为过渡涂层，采用等体积浸渍法负载过渡金属氧化物 CuO、ZnO、MnO 制备整体式催化剂并用于催化低浓度甲烷燃烧，结果表明当 Cu、Zn、Mn 的摩尔比为 2∶1∶1 时，催化剂的性能最佳，甲烷的 T_{10} 为 400℃、T_{70} 为 602℃。通过 H_2-TPR 表征分析，当 Cu∶Zn∶Mn＝2∶1∶1 时，催化剂具有较强的还原峰，因而其催化效果较为优异。

张鑫等[149]以堇青石为载体，采用浸渍法将氧化铝粉末置于 Fe、Mn 的硝酸盐溶液中，待烘干后加入水及添加剂将粉末制成浆料，并将其涂敷于堇青石载体上，最后烧结制得整体式催化剂。通过对低浓度甲烷进行催化燃烧试验表明，两种催化剂的起燃温度与完全燃烧温度基本一致，T_{10} 约为 465℃，T_{90}约为 470℃；在 1000℃干空气条件下老化 5h 后，通过活性对比，Mn 基催化剂性能较为优异，T_{90}为 530℃。

崔梅生[150]采用浸渍法将 CeO_2 粉末浸渍于 $Cu(NO_3)_2$ 溶液中，通过干燥焙烧将活性组分 CuO 负载到 CeO_2 粉末上制成 CuO/CeO_2 催化剂，并考察了该催化剂的甲烷催化燃烧活性，实验结果显示当 Cu 负载量为 8%时的催化剂活性较好，甲烷起燃温度 T_{10}为 350℃、完全燃烧温度 T_{90}为 630℃。其中 CuO 与 CeO_2 都有一定催化效果且两种物质之间存在着协同效应，不但可以提高催化剂的储放氧能力、加快反应中氧的传递速度，还易于表面晶格缺陷的形成，如氧空位等，进而提高了对氧的吸附能力。当反应温度为800℃时，催化剂活性依然良好，说明 CuO/CeO_2 催化材料有一定的热稳定性，高温不易烧结。

陈玉娟[142]通过向 CuO/Al_2O_3 催化剂中加入助剂 Mn 研究其对甲烷催化效果的影响，实验表明催化剂 10% CuO-4% MnO/Al_2O_3 的催化性能最好，反应温度 700℃时低浓度甲烷的转化率可达 94%。通过 XRD 表征发现，助剂 Mn 的加入提高了活性物质 CuO 的分散性，从而抑制了 CuO 的结晶。通过 H_2-TPR 表征发现，引入助剂 Mn 后，催化剂的还原峰的面积比例相较于 CuO/Al_2O_3 有所增加，且整体向低温方向移动。综上所述，添加助剂 Mn 能够促进 CuO 在载体表面的分散，提高低温时的氧化性能，进而提高催化剂的活性。

苑兴洲[151]采用浸渍法负载过渡金属［Cr、Mn、Cu、Co、Fe，负载量(质量分数）为 20%］氧化物于 γ-Al_2O_3 上制备整体式催化剂并催化低浓度甲烷燃烧，实验表明过渡金属氧化物均可在 450℃以下起燃，并且完全燃烧温度均小于 600℃。最终对负载的过渡金属按测得的甲烷催化燃烧活性排序为 Cr>Mn>Cu≈Co>Fe，其中 Cr/γ-Al_2O_3 的甲烷催化燃烧反应活性较为优异，起燃温度和完全燃烧温度分别为 359℃和 486℃。随后向催化剂中添加助剂 CeO_2，实验表明 CeO_2 起到修饰 γ-Al_2O_3 载体表面的作用，提高了催化剂的催化性能。引入助剂后，Cr 基催化剂的起燃温度和完全燃烧温度均降低了 10℃；Cu 基催化剂提升效果最明显，起燃温度和完全燃烧温度分别降低了 36℃和 12℃。Ce 通过修饰载体表面以及与活性组分之间的协同作用提高了催化剂的催化性能。

10.4.2 整体式催化剂的载体

工业生产中，为解决处理量大、放热量大、气体浓度低等问题，普遍采用的处理装置为整体式催化反应器。在整体式催化反应器中，气体通过与催化剂接触发生反应，该过程中不但反应温度较低，而且气体处理量大。MCR 中利用的催化剂为整体式催化剂，这种整体式催化剂主要由三部分组成，分别为载体（骨架）、第二载体（分散载体、助催化剂）、活性组分[152]，其中载体作为支撑体是此类催化剂的重要组成部分，常见的载体可分为以下两种：

（1）陶瓷载体。陶瓷载体出现于 1950 年，1971 年开始将陶瓷载体用于制备处理尾气的催化剂[153]。目前使用较为广泛的两种载体分别为堇青石陶瓷蜂窝载体和碳纳米管整体式载体，常用于废气净化、催化燃烧等方面[154]。Huang[155]等以堇青石为载体，采用涂层法将 HZSM-5 负载在载体上制成 HZSM-5/堇青石整体式催化剂。在以甲醇制丙烯为探针反应中，通过与传统 HZSM-5 催化剂对比，整体式催化剂的选择性明显高于传统催化剂，甲烷转化率提高了 2.78 倍。Palma[156]等将 Ni 负载于 SiC 泡沫陶瓷载体上，制备用于甲烷蒸汽重整的催化剂，实验表明 Ni 的负载量为 31.5%时，甲烷的转化率接近 100%。

（2）金属载体。金属载体在材料的选择上较为广泛，如金属箔、海绵金属、金属纤维、有机骨架金属等。骆潮明[157]以泡沫金属（铁镍合金）为载体（骨架）、Al_2O_3 溶胶为第二载体，采用浸渍法负载活性组分制得整体式催化剂（$Pd/Al_2O_3/Fe\text{-}Ni$），并根据甲烷的催化燃烧实验探究其性能。其中，泡沫金属载体作为间接的支撑体具有较高的孔隙率，且基体本身就具有一定的催化效果，在负载 Al_2O_3 溶胶后，载体的比表面积明显增大，使反应气体与活性物质的接触更加充分。结果表明，整体式催化剂在低温时便具有催化效果，当反应温度为 550℃时，甲烷转化率可达 98%左右。

结合文献可知，整体式催化剂具有传质效率高、床层压力降低、活性组分分布均匀、机械强度高等优点，在提高催化效率的同时也提高了催化剂的利用率[158-160]，因此本书将选择整体式催化剂用于催化低浓度甲烷燃烧。

10.4.3　白云鄂博稀土尾矿在催化方面的应用

尾矿中依然含有部分稀土氧化物、过渡金属及碱金属氧化物，均为氧化还原反应催化剂的典型制备材料。其中稀土元素可增加催化剂的晶体缺陷和位错，进而提高催化剂储放氧能力和燃烧过程中 O_2 传递速度[161]。尾矿中的碱土金属物质还可作为助催化剂与其他原料发生协同作用，优化催化剂的表面结构，提高活性物质的分散性，稳定其他离子的氧化价态，从而提高催化剂热稳定性[162]。随着稀土元素战略重要性的增加，人们对资源利用的技术要求也有所提高[163]。结合我国稀土尾矿的矿石类型及工艺特性发现，尾矿在制备矿物材料、高新材料及催化材料方面具有很大的发展前景[164]。

王蕾[162]以白云鄂博稀土尾矿为原料，采用水热/溶剂法制备稀土基纳米催化剂，将其用于催化燃料电池的氧化还原反应，研究了稀土基催化剂性能及其催化效果。实验首先通过向煅烧后的尾矿中加入酸碱进行滴定，再将其置于水热反应釜中反应得到以 Fe_2O_3 和 CeO_2 为主相、其他微量元素为掺杂的稀土基掺杂型复合氧化物催化剂。结果表明，尾矿中的氟碳铈矿在烧结过程中逐步分解并生成赤铁矿（Fe_2O_3），900℃左右煅烧后得到的产物主要以赤铁矿（Fe_2O_3）为主，而其他矿物种类数量明显减少，说明煅烧尾矿可以起到纯化作用。通过 EDS 表征分析可知，制得的催化剂中存有一定的碱金属和碱土金属，一定的碱土金属会加速电子在催化材料中的传递速度，有利于催化活性的提高。通过燃料电池阴极氧化还原反应可知，尾矿催化剂的催化性能与现阶段催化水平相当，半波电位为 0.78V。

李娜[165]以 1000℃焙烧后的稀土尾矿和煤质活性炭为原料制备催化剂，并催化煤自身的焦炭还原 NO_x。NO：N_2（浓度比）为 3：1000、总通气量为 500mL/min 的条件下，观察 NO_x的变化。实验表明，适当的焙烧起到了纯化尾矿的作用，经 XRD 表征分析，焙烧后的尾矿中富含 Fe、Ce 等金属元素，均对 NO_x有还原作用。稀土尾矿中含有大量金属氧化物和稀土氧化物，均可加速 C 还原 NO_x的速度。在无氧条件下，只添加活性炭几乎不与 NO_x发生反应，但在添加稀土尾矿后，NO_x的浓度明显下降，且当尾矿添加量为 30%、反应温度为 900℃时，脱硝率可达 41.62%。

10.4.4 固体废弃物的利用

常见的工业废渣有粉煤灰、赤泥、炉渣、尾矿、陶瓷废料等。据国内外学者研究，将固体废弃物利用在多孔陶瓷生产中，既可以解决废弃物长期堆存造成的严重后果，还可以实现废料的二次利用。

Liu[166]等以粉煤灰为原料、白云石为造孔剂，通过高温烧结的方式将粉煤灰工业废料制成堇青石基多孔陶瓷，并讨论了白云石添加量对陶瓷基体结构及性能的影响。制备过程由原料制备、压样和烧结三部分组成。在三组粉煤灰中分别添加不同质量分数的白云石，通过膨胀测量，当白云石添加量为28.43%时，与未添加白云石的样品相比，其致密化温度升高40℃。在1150℃烧结温度下，随着白云石质量分数增长到28.43%，孔隙率升高，抗弯强度降低，说明白云石对粉煤灰的烧结致密化有抑制作用。

Li[167]等以工业废渣粉煤灰为原料、$Al(OH)_3$或Al_2O_3为铝源、AlF_3为添加剂，采用淀粉固化法制备了多孔莫来石陶瓷。首先将各原料置于球磨机中混合均匀并倒入模板中干燥定性，随后将定型的样品置于高温炉中烧结，烧结过程分为两个阶段，首先加热到500℃并保温1h以除去样品中的淀粉，最后将烧结温度升至1400~1600℃并保温4h得到多孔莫来石陶瓷成品。结果表明，AlF_3在实验中作为烧结助剂有助于低温条件下莫来石晶须的形成；$Al(OH)_3$比Al_2O_3更适合作铝源制备莫来石晶须。晶须间形成互锁结构，提高了陶瓷的机械强度。

Liu[168]等以铅锌尾矿和粉煤灰为原料，在不添加任何烧结助剂及发泡剂的条件下直接制备多孔陶瓷，并研究了粉煤灰添加量对陶瓷制品各性能的影响。结果显示，随着粉煤灰添加量的增加，多孔陶瓷的容重和抗弯强度先减小后增大，而孔隙率和吸水率则先增大后减小。发泡过程是由铅锌尾矿的内部组分造成的，不同烧结温度下发泡机制不同，产生的孔隙结构也不同。当粉煤灰添加量为60%时，制得的多孔陶瓷的显孔隙率为65.6%、体积密度为0.93g/cm^3、抗弯强度为11.9MPa。

赵威[169]等以商洛钼尾矿、高岭土、钾长石为原料，以SiC为发泡剂，采用粉末冶金法制备轻质保温隔热泡沫陶瓷，分析了钼尾矿的含量对陶瓷的影响，并采用正交试验法从烧成制度及发泡剂含量两方面分析了对基体性能的影响。研究表明，随着商洛钼尾矿含量的增加，基体的体积密度及抗压强度也增加，但平均孔径却降低，尾矿含量在80%时的发泡效果良好、孔隙均匀且孔径较大。实验得到原料的最佳配比是商洛钼尾矿、钾长石、高岭土的质量比为8∶1∶1，2%（质量分数）的SiC作为发泡剂，在1140℃进行烧结。制得的泡沫陶瓷的体积密度为0.34g/cm^3，抗压强度为3.2MPa，平均孔径为 1.8mm，孔壁厚度为 50μm。

王博[170]以铝土尾矿为主要原料制备多孔陶瓷，通过单一变量法确定造孔剂的选择与添加量。首先将尾矿过筛，加入配料后制成陶瓷浆料并放入模具压制出所需的陶瓷素坯，将成型的陶瓷素坯置于鼓风干燥箱中 110℃下烘干 10h，最后通过高温箱式电阻炉焙烧制得铝土尾矿多孔陶瓷。研究表明造孔剂为碳粉时，多孔陶瓷的显孔隙率较高（68.79%），制得的多孔陶瓷内含有大量的三维连通微孔结构，其孔隙分布均匀且具有较高的比表面积。

李悦[171]以矾土矿尾矿、石英砂、玻璃粉、白云石为原料，以淀粉为造孔剂，采用压制成型法压制成型，再通过干燥定型和焙烧，最后成功制备出用于过滤污水的多孔陶瓷。结果显示以矾土矿尾矿为原料制得的多孔陶瓷，其抗折强度达到 26.2MPa，孔隙率可达 45.34%，样品的孔隙率不但达到了污水处理用滤料的孔隙要求，同时还由于其较高的机械强度延长了材料的使用寿命。

M. I. Domínguez[172]采用低温水热法（200℃，48h）将重金属含量高的危险废品制备成两种类型的水泥：磷灰石和硅酸盐/磷灰石复合材料。用 XRD、红外光谱等方法分别对生成的固体以及液体进行了表征，结果发现制备成复合水泥后能够钝化钢铁粉尘中的重金属，即铁、铅、钼、镍和锌等，这是由于在制备成的磷灰石水泥中，来自钢铁粉尘中的铁、镁、铬、锰和铅的二价阳离子取代了磷灰石中的 Ca，而硅和钼在四面体位置取代了磷，且含磷灰石粉尘的平均晶体尺寸小于使用相同方法合成的纯磷灰石，这与粉尘中镁的含量有关，因为镁抑制晶体生长。通过扫描电镜发现，所制备的陶瓷体表面形成了很多针状晶体，通过 XRD 表征分析，该晶体为羟基磷灰石。

综上所述，本书将以稀土尾矿为原料制备多孔陶瓷并将其作为整体式催化剂用于催化低浓度甲烷燃烧，以实现尾矿在催化燃烧方面的利用价值。

10.5 技术路线

本实验的技术路线图如图 10-1 所示。

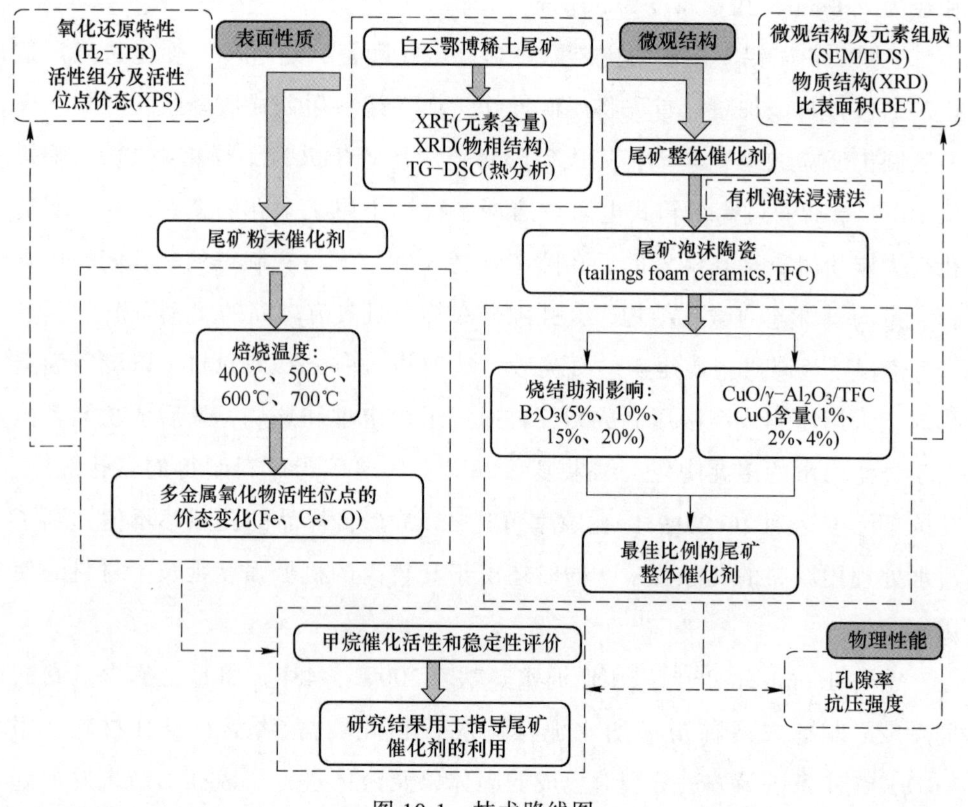
氧化还原特性
(H2-TPR)
活性组分及活性
位点价态(XPS)
表面性质
白云鄂博稀土尾矿
XRF(元素含量)
XRD(物相结构)
TG-DSC(热分析)
微观结构
微观结构及元素组成
(SEM/EDS)
物质结构(XRD)
比表面积(BET)
尾矿整体催化剂
有机泡沫浸渍法
尾矿粉末催化剂
尾矿泡沫陶瓷
(tailings foam ceramics,TFC)
焙烧温度:
400℃、500℃、
600℃、700℃
烧结助剂影响:
B2O3(5%、10%、
15%、20%)
CuO/γ-Al2O3/TFC
CuO含量(1%、
2%、4%)
多金属氧化物活性位点的
价态变化(Fe、Ce、O)
最佳比例的尾矿
整体催化剂
物理性能
甲烷催化活性和稳定性评价
孔隙率
抗压强度
研究结果用于指导尾矿
催化剂的利用

图 10-1 技术路线图

11　尾矿粉末催化剂的制备及性能研究

11.1　实验部分

11.1.1　实验材料

本实验以白云鄂博稀土尾矿为主要原料，经包钢矿山研究院分析检测中心利用化学元素定量分析法检测的尾矿的化学成分组成见表11-1。

表11-1　白云鄂博稀土尾矿化学成分　　（质量分数，%）

Al_2O_3	SiO_2	Fe_2O_3	CaO	TiO_2	MnO_2	CeO_2	Pr_2O_3	Nd_2O_3	La_2O_3	F
1.26	11.86	27.67	27.20	1.00	1.96	3.01	0.33	1.10	1.44	8.92

铁矿物含量25%～30%（质量分数），稀土矿物（La、Ce、Pr、Nd）含量5%～8.2%（质量分数），为催化的主要活性组分，其他的原料由辅助化学试剂组成，添加的化学试剂见表11-2。

表11-2　主要化学试剂

序　号	名　称	生产厂家
1	氢氧化钠	天津市致远化学试剂有限公司
2	羧甲基纤维素钠	国药集团化学试剂有限公司
3	硅酸钠	天津市致远化学试剂有限公司
4	十二烷基苯磺酸钠	天津市致远化学试剂有限公司
5	氧化硼	国药集团化学试剂有限公司
6	甲烷	大连大特气体有限公司
7	氮气	大连大特气体有限公司
8	氧气	徐州法液空特种气体有限公司

11.1.2　催化活性装置及方法

图11-1为催化活性检测系统，主要由配气系统、反应系统、红外甲烷气体分析仪三部分组成。配气系统装置为两路气瓶，其中一路为N_2/CH_4混气瓶，N_2占比为97.6%，CH_4占比为2.4%；另一路为O_2瓶。两路气体直接进入管路混合并通入反应系统中。反应系统的主要装置为立式管式炉；气体在线测量系统装置为红外甲烷气体分析仪，反应中对甲烷浓度在线测量，通过计时读数的方式记录数据。

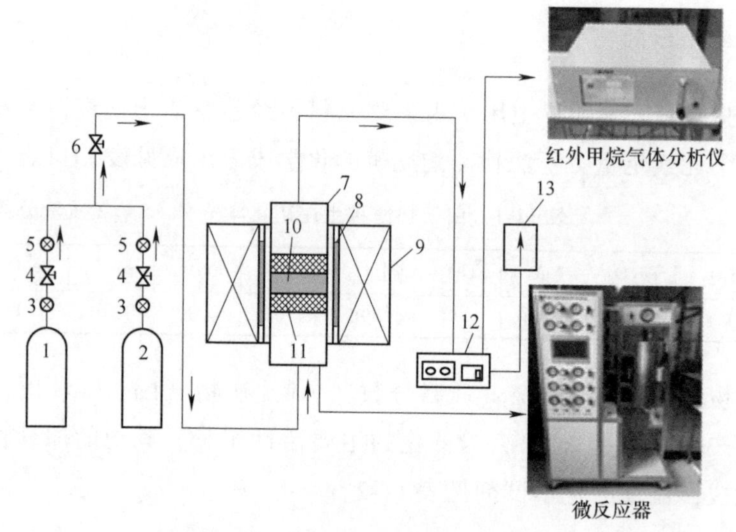

图11-1　甲烷催化反应装置示意图

1—N_2/CH_4混气瓶；2—O_2瓶；3—压力表；4—减压阀；5—质量流量计；6—反应阀；7—石英管；8—热电偶；9—保护层及炉壁；10—催化剂；11—石英棉；12—红外气体分析仪；13—尾气排空

检测催化剂活性时，每次称取实验样品0.7g置于反应器加热段，设置反应器从室温以8℃/min的升温速率加热到350℃、400℃、450℃、500℃、550℃、600℃、700℃、725℃、735℃、750℃，并且每个温度点反应20min，最后通过红外甲烷气体分析仪对气体中的甲烷含量进行实时监测。甲烷的催化效率计算公式如下：

$$\eta = \frac{w_0 - w_1}{w_0} \times 100\% \tag{11-1}$$

式中，η 为该实验工况下甲烷的转化率；w_0 为反应前检测的甲烷浓度；w_1 为加入催化剂反应稳定后检测的甲烷浓度。

有文献[173]证明甲烷在氧化物催化剂上的催化燃烧反应遵循 MVK (Mars-Van-Krevelen redox) 机理，根据 MVK 机理，超低浓度甲烷在催化剂 $CuO/\gamma\text{-}Al_2O_3$/TFC 上燃烧符合一级动力学模型，其速率方程可以简化为

$$r = \frac{v_{CH_4}\eta}{W} \tag{11-2}$$

式中，r 为甲烷反应速度，mol/(g · s)；v_{CH_4} 为 CH_4 流速，mol/s；W 为催化剂的重量。

根据阿伦尼乌斯公式，以 $\ln r$ 对 $1/T$ 作 Arrhenius 曲线，曲线的斜率就是各催化剂催化甲烷燃烧的表观活化能。根据下式得出：

$$\ln r = -\frac{E_a}{RT} + C \tag{11-3}$$

式中，R 为气体常数，8.314J/(mol · K)；E_a 为表观活化能，kJ/mol；T 为反应温度，K。

11.2 稀土尾矿的热重质谱分析

图 11-2 为空气气氛下对稀土尾矿的热重-质谱联用分析图，由图 11-2 (a) 可知反应时间在 0~50min（对应温度 0~420℃）时，TG 曲线未发生失重现象；当反应时间为 50~80min（对应温度 420~730℃）时，尾矿热重曲线出现连续下降，说明该温度段尾矿中部分矿物发生分解，由图 11-2 (b) 可知，尾矿分解的同时伴随着一定量 CO_2 生成，这是由于随着焙烧温度的升高，氟碳铈矿及碳酸盐类物质发生了分解。以下是氟碳铈矿受热分解公式：

$$RECO_3F + O_2 \longrightarrow REOF + CO_2 \tag{11-4}$$

$$REOF \longrightarrow Ce_{0.75}Nd_{0.25}O_{1.875} + (Ce, Pr)La_2O_3F_3 \tag{11-5}$$

焙烧过程是脱 F 的过程，CeOF 的 F 被 O 所替代，尾矿中的 Ce^{3+} 被氧化成 Ce^{4+}，部分 Ce^{4+} 存在于 $Ce_{0.75}Nd_{0.25}O_{1.875}$ 及 CeO_2 中，稀土氧化物的出现可增加催化剂的储放氧能力，从而提高催化效率[174]。综上所述，随着焙烧温度的升高，稀土尾矿的矿相发生变化，为设置的焙烧改性温度变量提供理论支撑。

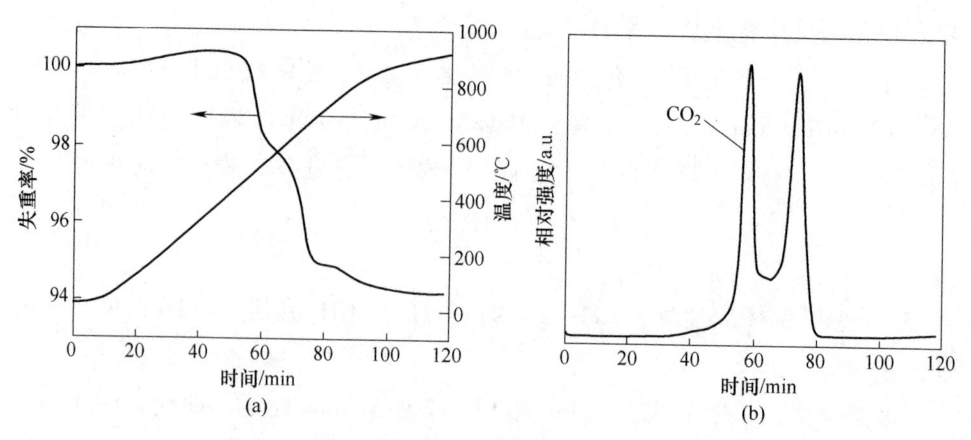

图 11-2 白云鄂博稀土尾矿热重-质谱联用分析图

（a）热重曲线；（b）质谱曲线

11.3 催化剂的制备及实验工况

取稀土尾矿适量，分 4 份分别置于马弗炉中焙烧。其流程图如图 11-3 所示，设计的变量参数见表 11-3。

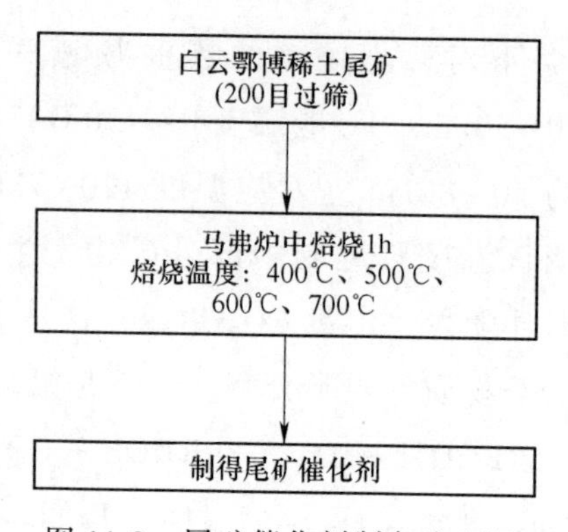

图 11-3 尾矿催化剂制备流程图

表 11-3 实验变量及参数

变 量	参 数
焙烧温度/℃	400、500、600、700
实验空速/h^{-1}	12000、15000、18000、21000

11.4 尾矿催化剂活性

图 11-4 为本实验的空白对照组，将石英砂置于反应系统中对低浓度甲烷进行催化燃烧，由图可知，当反应温度低于 600℃时，甲烷浓度未发生变化；超过 600℃后，甲烷的转化率略有提高，直至 800℃，甲烷转化率仍低于 5%。空白对照实验说明在不添加尾矿基催化剂的情况下，单升高温度很难使低浓度甲烷转化。

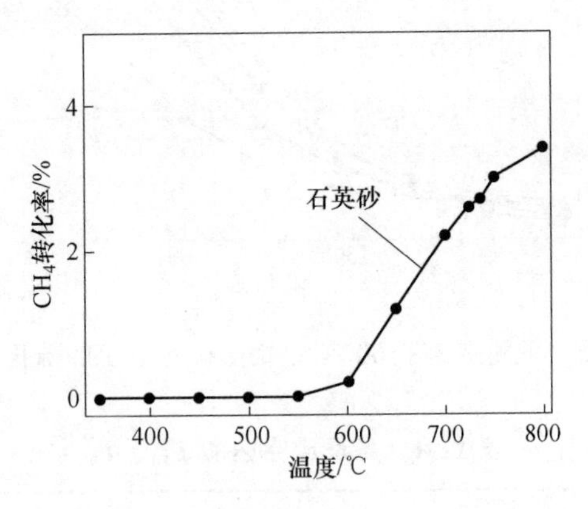

图 11-4 石英砂空白对照实验

11.4.1 反应体积空速对催化效率的影响

图 11-5 为不同空速下 600℃焙烧尾矿对甲烷的催化活性图，将 600℃焙烧后的尾矿作为催化剂置于反应系统中，分别在 $9000h^{-1}$、$12000h^{-1}$、$15000h^{-1}$、$18000h^{-1}$、$21000h^{-1}$条件下催化低浓度甲烷燃烧，由图可知，当反应空速为 $21000h^{-1}$时，催化效率最低，其 T_{10}、T_{90}（催化性能衡量标准：T_{10}为起燃温度，即催化剂催化甲烷燃烧转化率达到 10%时的温度；T_{90}为完全燃烧温度，即催化剂催化甲烷燃烧转化率达到 90%时的温度）分别为 446℃、683℃。这是由于空速过大导致气体流量过大，大量反应气体不能及时与催化剂发生反应，同时粉末催化剂经过长时间反应后易发生聚集结块的现象，反应气体也因此不能与催化剂充分接触，从而导致催化效率不高。由表 11-4 可知，当反应空速为 $9000h^{-1}$ 和 $12000h^{-1}$ 时，T_{10} 分别为 446℃ 和

458℃，T_{90}分别为683℃和677℃。空速反映了单位时间单位体积催化剂的气体处理量，空速越大，处理的气体量越大，因此反应的最佳空速定为12000h^{-1}，之后的实验都将在该空速下进行活性检测。

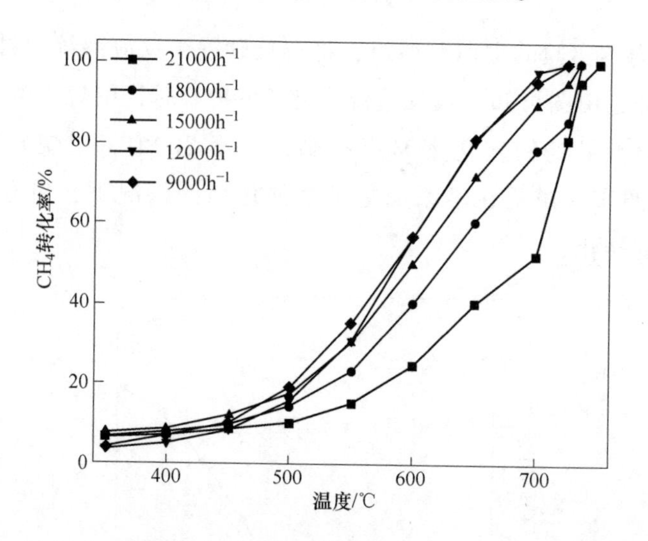

图 11-5　不同空速下600℃焙烧尾矿对甲烷的催化活性图

表 11-4　各反应空速的 T_{10}、T_{90}

空速/h^{-1}	O_2 流速/mL · min^{-1}	(N_2/CH_4)流速/mL · min^{-1}	T_{10}/℃	T_{90}/℃
9000	14.6	29.2	446	683
12000	19.5	39.2	458	677
15000	24.3	48.7	419	701
18000	29.2	58.4	450	729
21000	34.1	68.1	479	732

11.4.2　尾矿焙烧温度对催化性能的影响

将白云鄂博稀土尾矿原矿记为样品1，400℃焙烧尾矿记为样品2，500℃焙烧尾矿记为样品3，600℃焙烧尾矿记为样品4，700℃焙烧尾矿记为样品5。

图11-6为空速12000h^{-1}的条件下，样品1~5作为催化剂对甲烷的催化效率图，由图可知，样品1~5的T_{10}分别为499℃、485℃、468℃、435℃、606℃；T_{90}分别为748℃、697℃、686℃、663℃、737℃。对比样品1~4，T_{10}与T_{90}均随着稀土尾矿焙烧温度的升高而降低，其中，样品4催化性能较

为优异，与样品 1 相比，T_{10}降低了 64℃，T_{90}降低了 85℃。综上所述，稀土尾矿本身便对低浓度甲烷有一定的催化作用，经过焙烧后其催化性能有所提升。实验中，样品 4 催化剂对低浓度甲烷的催化效果最佳，当尾矿焙烧温度为 700℃时，尾矿催化剂活性降低，推测原因可能是烧结温度过高而导致尾矿表面烧结，或因活性组分降低导致的催化效率下降。

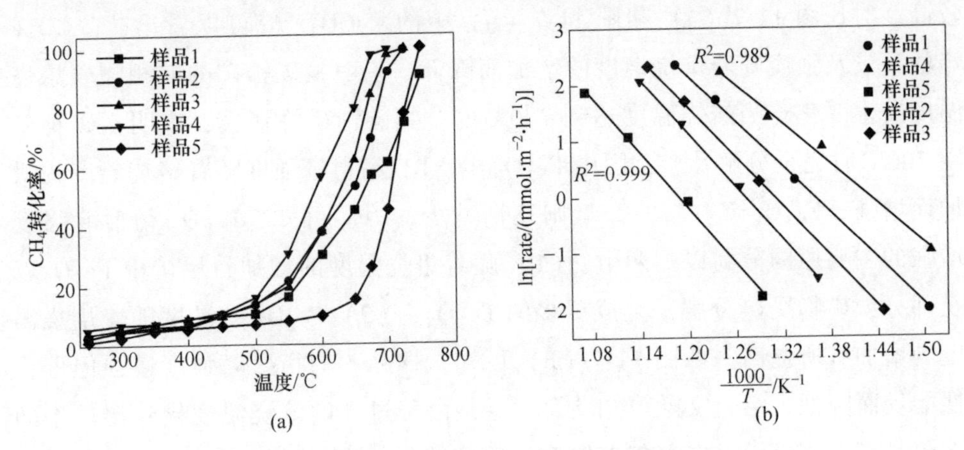

图 11-6 稀土尾矿不同温度焙烧前后对甲烷的催化效率图

（a）煅烧温度对甲烷转化率的影响；（b）表面活化能计算图

尾矿在不同温度下焙烧后的 T_{10}、T_{50}、T_{90}，见表 11-5。

表 11-5 尾矿在不同温度下焙烧后的 T_{10}、T_{50}、T_{90}

样　品	T_{10}/℃	T_{50}/℃	T_{90}/℃	E_a/kJ · mol^{-1}
样品 1	499	659	748	112. 24
样品 2	485	637	697	111. 56
样品 3	468	623	686	108. 94
样品 4	435	586	663	97. 02
样品 5	606	702	737	136. 77

11. 5 尾矿粉末催化剂的表征结果及分析

11. 5. 1 尾矿催化剂的 XRD 表征

图 11-7 为稀土尾矿焙烧前后的 XRD 图谱，分别对不同温度焙烧后的尾矿进

行了物相分析。稀土尾矿的矿物组成极为复杂，约含有71种元素、172种矿物[176]，其中以萤石、稀土矿物以及铁矿物为主[177]。尾矿中的氟碳酸盐及独居石主要赋存于稀土矿物中，其中氟碳酸盐矿物的主要成分为氟碳铈矿。

从图11-7（a）中可以看出，未经焙烧的尾矿中矿物主要以CaF_2、Fe_2O_3和$CeCO_3F$为主，其中CaF_2的衍射峰强度最强，表明稀土尾矿中CaF_2的含量较高。对比图11-7（a）和图11-7（b）中的$CeCO_3F$峰可以看出，$CeCO_3F$峰的数量及强度随着焙烧温度的增加而降低，说明氟碳铈矿的矿相随着焙烧温度发生变化，当焙烧温度达到700℃时，氟碳铈矿峰消失，表明氟碳铈矿在700℃时完全分解[178]；图中Fe_2O_3的XRD衍射峰强度随着焙烧温度的增加而增强，Fe_3O_4衍射峰的数量则逐渐减少。因此可知，Fe_2O_3衍射峰强度增强的主要原因分为以下两个：（1）随着焙烧温度的增加，尾矿中Fe_3O_4以及部分铁矿物受热分解，生成更多的Fe_2O_3；（2）Fe_2O_3结晶度随着焙烧温度的增加有所提高。由图11-7（b）可知，样品5的衍射峰强度最强但催化性能反而降低，结合文献可知[179]，这是由于过高的焙烧温度导致尾矿中的部分晶相由高分散态向聚集态转变，造成催化剂表面活性中心减少，从而影响催化性能。

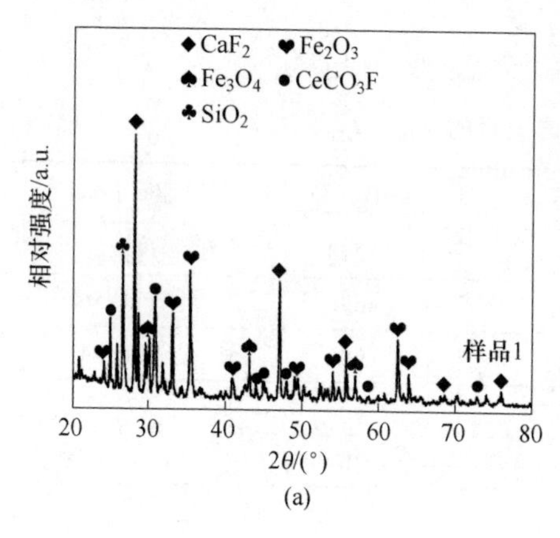

(a)

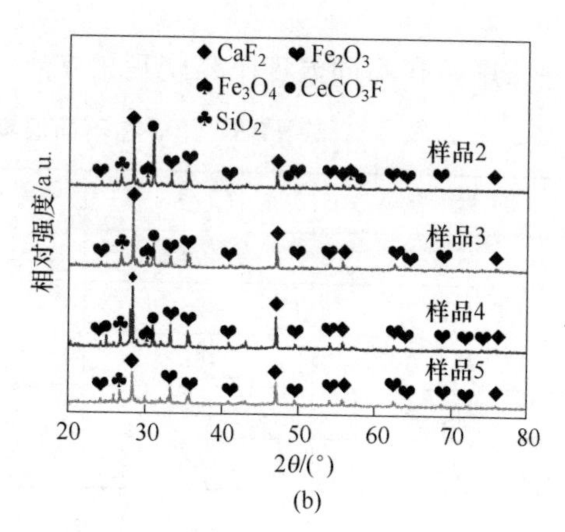

(b)

图11-7 稀土尾矿焙烧前后的XRD图谱

（a）稀土尾矿；（b）不同温度焙烧后的尾矿

11.5.2 尾矿催化剂的SEM表征

尾矿的组成十分复杂，通过焙烧，部分矿物受热分解的同时伴随着气体产生，如氟碳铈矿受热分解过程中生成 CO_2 气体，这些气体由内向外溢出，将会对尾矿表面结构造成影响。图 11-8 为稀土尾矿焙烧前后的扫描电镜图，经焙烧的稀土尾矿，形状并不规则，但表面光滑；经过 500℃焙烧后的稀土尾矿，表面依旧光滑但出现明显裂纹；经过 600℃焙烧后的尾矿，除裂纹外，部分位置出现孔洞且伴随着絮状物的产生，表面不再光滑；700℃焙烧后的尾矿，表面粗糙程度增加，尾矿表面呈絮状。综上所述，通过增加焙烧温度，尾矿表面的粗糙程度增加了，提高了甲烷气体与稀土尾矿催化剂的接触面积，暴露了更多的活性位点。但 700℃焙烧后的尾矿的催化效果并不理想，由 XRD 分析可知其原因为尾矿表面高温烧结或熔融，导致参与催化反应的活性组分较少。图 11-9 为 600℃焙烧尾矿的 EDS 图谱，如图所示，Fe、Ce、Ti、O 等活性金属元素在该温度下均匀分布在催化剂表面，因此 600℃焙烧尾矿具有良好的催化性能。

图 11-8　稀土尾矿焙烧前后的 SEM 图谱

（a）稀土尾矿；（b）500℃焙烧后的尾矿；（c）600℃焙烧后的尾矿；（d）700℃焙烧后的尾矿

11.5.3　尾矿催化剂的 XPS 表征

本书实验对不同温度焙烧前后的稀土尾矿进行了 XPS 分析，分别对表面的 Ce、Fe、O 元素价态变化进行了考察。

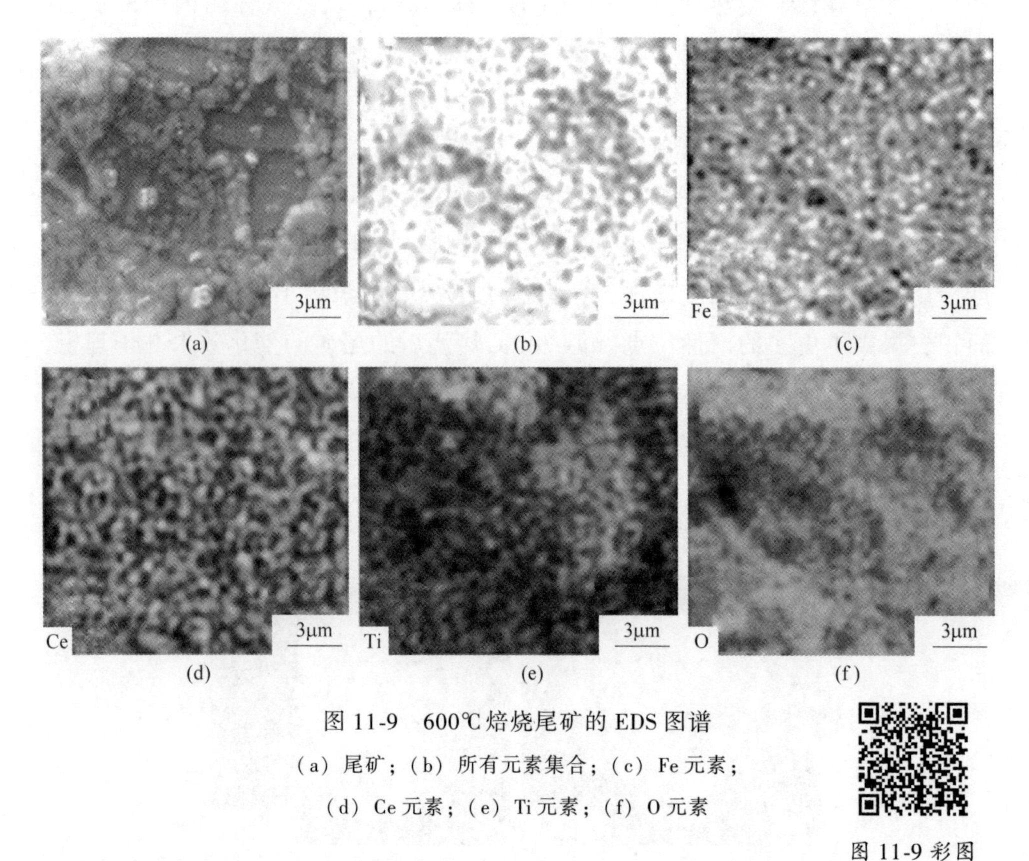

图 11-9 600℃焙烧尾矿的 EDS 图谱
(a) 尾矿; (b) 所有元素集合; (c) Fe 元素;
(d) Ce 元素; (e) Ti 元素; (f) O 元素

图 11-9 彩图

11.5.3.1 Ce 的 XPS 分析

图 11-10 (a) 为样品 1~5 的 Ce 3d 的 XPS 图谱。铈元素主要以 Ce^{3+}、Ce^{4+}存在于稀土尾矿中，其中 Ce^{4+}的特征峰出现在 v(约 882.20eV)、v″(约 888.60eV)、v‴(约 898.00eV)、u(约 900.70eV)、u″(约 907.20eV)、u‴(约 916.15eV)。Ce^{3+}的特征峰出现在 v′(约 884.40eV)、u′(约 903.90eV)。由图 11-10 (a) 可知，稀土尾矿焙烧前后均含有 Ce^{3+}和 Ce^{4+}，一定数量的 Ce^{3+}和 Ce^{4+}的氧化还原电子对有利于催化剂氧空位及不饱和化学键的产生，对表面氧的吸附及迁移有促进作用，进而提高了催化剂的表面氧化性，增大催化剂表面活性位点上 CH_4的转化率。由表 11-6 可知，尾矿中的 Ce^{3+}经焙烧后部分转化成 Ce^{4+}，存在于 $Ce_{0.75}Nd_{0.25}O_{1.875}$、$CeO_2$ 等物质中。根据文献，稀土氧化物的加入可增加催化剂的储放氧量，从而提升催化剂的催化性能。

11.5.3.2 Fe 的 XPS 分析

图 11-10（b）为样品 1~5 的 Fe 2p 的 XPS 图谱。Fe^{3+}的特征峰的电子结合能为 711eV 和 725eV，Fe^{2+}的特征峰的电子结合能为 718~721eV。由图 11-10（b）可知，稀土尾矿中 Fe 元素主要以 Fe^{2+}、Fe^{3+}两种形式存在。反应过程中，尾矿中的 Fe^{2+}、Fe^{3+}通过相互转化达到在催化剂表面形成不稳定的氧空位和流动性较好的晶格氧物种的作用。其中 Fe^{2+}不稳定，有较强的还原性，因此较多的 Fe^{2+}有利于提高催化剂的催化活性。由表 11-6 可知，样品 4 的 $Fe^{2+}/(Fe^{2+}+Fe^{3+})$ 值相对较大，因此 600℃焙烧尾矿催化剂的催化活性较好。

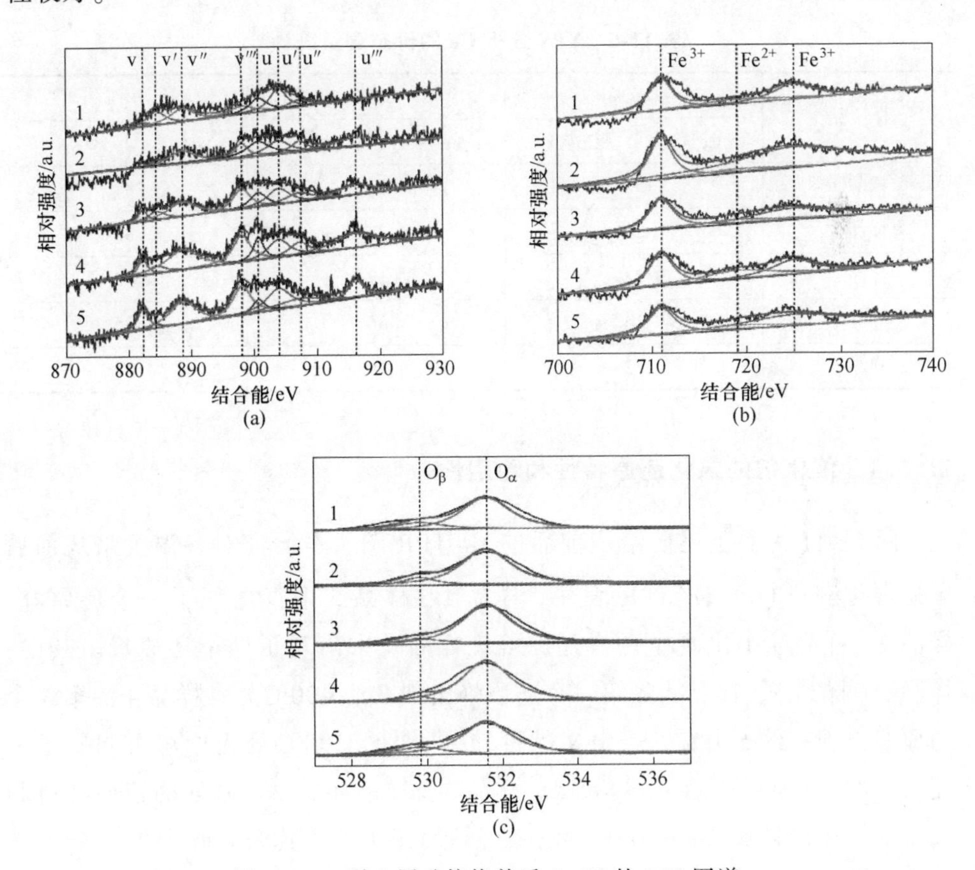

图 11-10 稀土尾矿焙烧前后 Ce 3d 的 XPS 图谱

（a）Ce 3d；（b）Fe 2p；（c）O 1s

1—样品 1；2—样品 2；3—样品 3；4—样品 4；5—样品 5

图 11-10 彩图

11.5.3.3 O的XPS分析

图11-10（c）为样品1~5催化剂的O 1s的XPS图谱。位于电子结合能529.5~530.5eV处的光电子峰为晶格氧（O_{latt}）；位于531.5~533.0eV处的光电子峰为吸附氧（O_{ads}）。据文献可知[178]，晶格氧与吸附氧之间可以相互转换，通过消耗晶格氧形成吸附氧达到与吸附在催化剂表面物质发生反应的作用。其中$O_{\alpha}/(O_{\alpha}+O_{\beta})$可以用来描述不同氧物种的比例，其值越高，催化剂表面存在的活性氧组分越多，催化剂活性越好。由表11-6可知，5个样品按$O_{\alpha}/(O_{\alpha}+O_{\beta})$值由大到小排列为样品4>样品3>样品2>样品1>样品5，由此可知，600℃焙烧尾矿催化剂的活性较高。

表11-6 XPS分析Ce的价态含量统计

样 品	Ce/%	Fe/%	O/%
	$Ce^{3+}/(Ce^{3+}+Ce^{4+})$	$Fe^{2+}/(Fe^{2+}+Fe^{3+})$	$O_{\alpha}/(O_{\alpha}+O_{\beta})$
样品1	52	21	82
样品2	21	9	88
样品3	23	17	92
样品4	24	36	95
样品5	22	19	80

11.5.4 催化剂的氧化还原特性和稳定性

图11-11为稀土尾矿焙烧前后的H_2-TPR图，本研究对各温度焙烧前后尾矿催化剂进行了H_2-TPR表征。样品1、样品5中仅出现了一个还原峰，样品2、样品3中出现了两个还原峰，样品4中出现了四个还原峰。其中，样品2、样品3、样品4的第一个还原峰出现在约400℃处；样品4的第二个还原峰出现在约500℃处。由文献可知[180-181]，500℃处还原峰可归属于表面CeO_2的还原；样品1、样品2、样品3、样品4在390℃处的还原峰可归属于Fe_2O_3的还原；650℃处还原峰可归属于FeO。其余600~800℃处的还原峰可归属于催化剂的表面晶格氧的还原。其中样品4出现的还原峰数目最多，因此样品4的氧化还原性相对较好，相应的催化性能也较为优异。

图11-12显示了样本1、样品3和样品4的催化稳定性的实验结果。样品在T_{90}(686℃）下进行了3600min的实时评估。样品1的甲烷转化率在

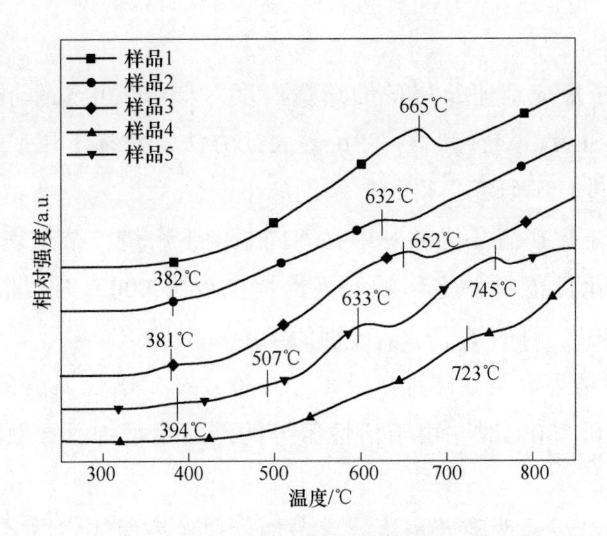

图 11-11 稀土尾矿焙烧前后的 H_2-TPR 图

260min左右开始显著下降，一直下降到3500min，甲烷转化率从63%下降到31%。样品3和样品4的甲烷转化率在1000min后才开始逐渐下降，3500min后甲烷转化率维持在80%以上。因此，较高的煅烧温度可以提高催化剂的稳定性。

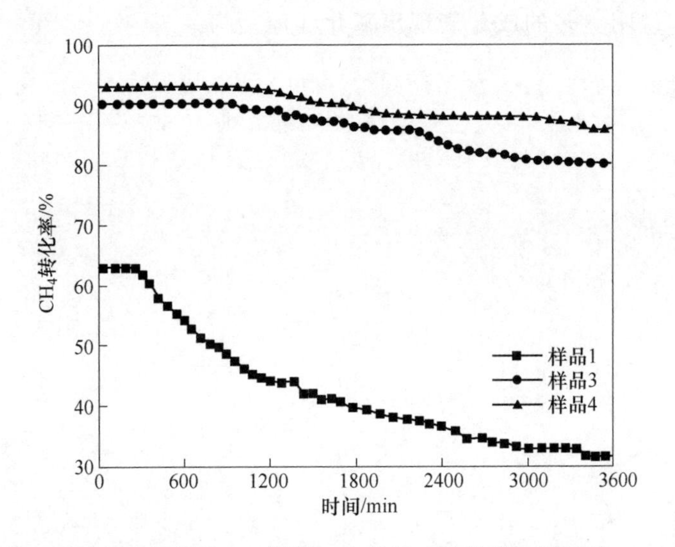

图 11-12 样品1、样品3和样品4的热稳定性测试

11.6　本章小结

本章研究了反应空速及尾矿的焙烧温度对低浓度甲烷催化性能的影响，采用了XRD、SEM、XPS和H_2-TPR等表征方法，对稀土尾矿焙烧前后的微观形貌和结构进行了研究，得到的结论如下。

（1）将稀土尾矿置于马弗炉中在不同温度下焙烧，结果表明焙烧温度对尾矿的甲烷催化性能有一定影响。当焙烧温度为600℃时，催化效果最佳，反应空速12000h^{-1}时的T_{10}、T_{90}分别为459℃、676℃。

（2）XRD结果表明氟碳铈矿及Fe_3O_4随着尾矿焙烧温度的升高而分解，当焙烧温度达到700℃时，由于活性组分的结晶度增加，导致尾矿催化剂活性降低。

（3）SEM结果表明随着焙烧温度增加，尾矿表面缺陷增多，提高反应气体与催化气体的接触面积，从而提高催化剂活性。

（4）XPS结果表明稀土尾矿焙烧前后的Ce元素主要以Ce^{3+}、Ce^{4+}形式共存；Fe以Fe^{2+}、Fe^{3+}形式共存。600℃焙烧后的尾矿催化剂表面吸附氧数目增加，因此催化效率得到提高。

（5）H_2-TPR结果表明尾矿在600℃焙烧后，还原峰数目增多且向低温方向移动，说明更多的成分表现出氧化还原能力。

12　稀土尾矿泡沫陶瓷的制备及表征

多孔陶瓷是由各种颗粒和各种添加剂形成的坯料，通过干燥、高温烧结后，既有传统陶瓷的优良性能，还具有低密度、低热导率、吸音隔热等性能[170]，是一种新型的功能材料。许多工业废料中都有如含 Al、Si、Mg、Ca 等的化合物，而这些又是常用的陶瓷生产原料，所以近年来利用工业废渣制备多孔陶瓷用于冶金、化工、医药和过滤催化等领域是材料领域的研究热点之一。

常见的多孔陶瓷依照孔的类型可分为泡沫型和网状型。多孔陶瓷的制备过程主要分为混料、干燥定型、烧结成型三个步骤。多孔陶瓷中各孔的大小形状相似，多孔陶瓷又具有低密度、高渗透性、耐腐蚀等优点，因此本实验将以稀土尾矿为原料制备多孔陶瓷，并将其作为催化剂用于催化低浓度甲烷燃烧。

12.1　稀土尾矿和聚氨酯的热重分析

为确定泡沫陶瓷的烧结温度，先对尾矿和作为模板的聚氨酯海绵进行热重实验。图 12-1（a）为稀土尾矿的热重 TG-DSC 曲线，在 200～400℃，TG 曲线有较小的失重现象，此时是由于稀土尾矿在焙烧过程中氟碳铈矿或碳酸盐发生了初步分解；在 400～700℃，TG 曲线出现连续、较快的失重现象，且此时的 DSC 曲线出现一个吸热峰，是氟碳铈矿经加热进一步分解为稀土的氧化物所导致的[173]；在尾矿的升温过程中，其自身处于吸热状态，在650～930℃仍然存在失重现象，且出现一个吸热峰，是稀土尾矿局部产生烧结或熔融所造成的。通过热重 TG-DSC 曲线可以得出，随着温度的升高，稀土尾矿的矿相也会发生变化。

图 12-1（b）显示了聚氨酯海绵从 220℃开始失重，在 270～420℃失重速度明显加快，420℃以后速度趋于平稳，质量不再发生变化，说明聚氨酯

海绵在 420℃左右已完全分解，聚氨酯海绵在高温分解过程中产生了大量气体，气体在逸出过程中对陶瓷坯体产生内应力，造成坯体的破坏甚至坍塌、收缩。因此 200~450℃内应缓慢升温，保证聚氨酯海绵分解完全且不破坏稀土矿陶瓷坯体。

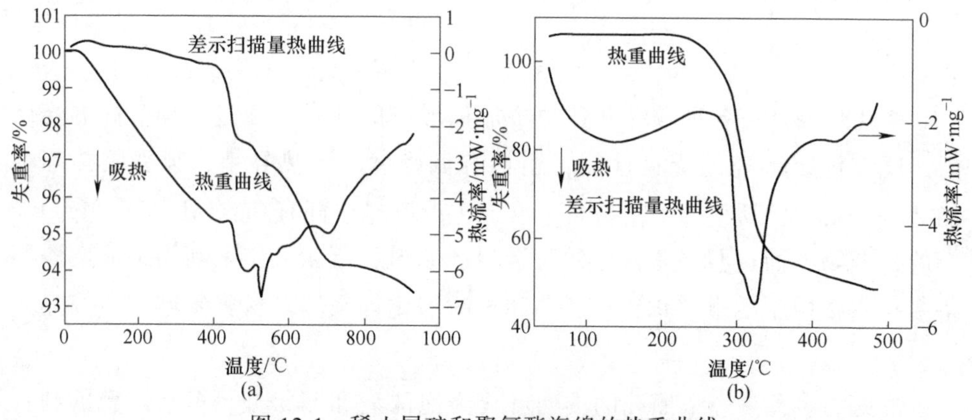

图 12-1 稀土尾矿和聚氨酯海绵的热重曲线

（a）稀土尾矿；（b）聚氨酯海绵

12.2 尾矿陶瓷的制备

本研究采用有机泡沫浸渍法制备泡沫型多孔陶瓷，目前采用该方法制得的 Al_2O_3 泡沫陶瓷、ZnO_2 泡沫陶瓷、SiC 泡沫陶瓷已被广泛应用于铸造行业。图 12-2 是泡沫陶瓷制备的工艺流程图。

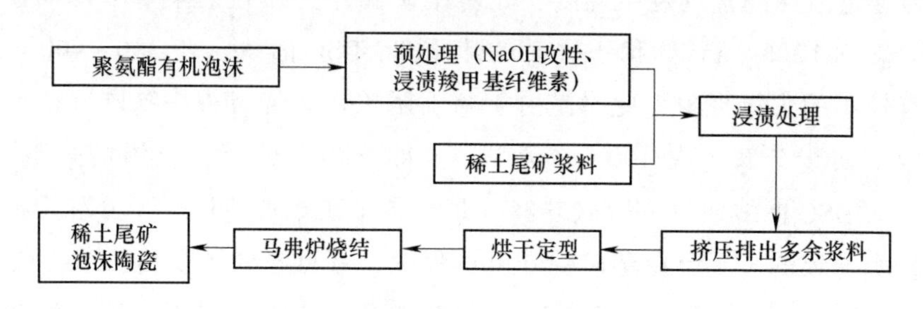

图 12-2 泡沫陶瓷制备的工艺流程图

12.2.1 有机泡沫的选择

泡沫陶瓷模板的选择十分重要，陶瓷的最终孔径很大程度是由有机泡沫的孔径决定的，因此在选择有机泡沫时，孔径尺寸和孔筋强度是考虑的首要因素。根据应用领域，所选择的有机泡沫应具备以下条件。(1) 较大且分布均匀的网络结构。浸渍时，便于陶瓷浆料的充分渗透，确保在烧结后形成完整的网络骨架。(2) 具有足够的亲水性及回弹性。浸渍稀土浆料时，使陶瓷浆料能够尽可能多且牢固地吸附在有机泡沫模板之上，在充分浸渍并挤压出多余浆料后，仍能够迅速恢复原样。(3) 有机泡沫的气化分解温度低于陶瓷的烧结温度；分解产生的物质不会对环境造成污染，且不会对烧成的样品性能造成影响。

因此，本研究选用了聚氨酯有机泡沫作为陶瓷模板。聚氨酯有机泡沫是目前使用率较高的模板之一。其分解温度较低，一般在 150~500℃。在孔径的选择上，若选择孔隙较大的泡沫载体，浸渍后孔隙壁上附着浆料较少，将会导致陶瓷的抗压强度降低；若选择孔隙小的泡沫载体，浸渍完的多余浆料不易排出，易造成堵孔的现象，因此本书经预实验后选择 40ppi 的聚氨酯海绵作为陶瓷模板。

12.2.2 有机泡沫载体的预处理

未经处理的聚氨酯泡沫各网络间存在的薄膜较多，浸渍浆料时便会导致薄膜上浆料堆积，极易造成陶瓷的堵孔现象，从而降低陶瓷的孔隙率，因此常通过酸/碱浸等方式对聚氨酯泡沫进行预处理，不但可以去除泡沫网络间的薄膜，防止堵孔，还可以使泡沫孔筋粗糙，提高浸渍时浆料的挂浆率。对聚氨酯泡沫的预处理步骤如下。

(1) 根据实验需求，将聚氨酯泡沫裁剪成所需的形状尺寸，用去离子水反复清洗后置于 15%（质量分数）的 NaOH 溶液中，在 40~60℃水浴条件下加热水解，取出后洗净、晾干备用。

图 12-3 为聚氨酯泡沫浸渍在碱性溶液中质量变化与时间的关系图，由图可知，碱浸 0~2h 时，海绵质量变化明显，在浸渍 4h 左右时质量变化趋于稳定，因此本实验取 3.5h 作为聚氨酯海绵的水解时间，若水解时间过长，将会对海绵的回弹性造成影响。

(2) 配置 1%的羧甲基纤维素（CMC）溶液，将晾干的聚氨酯泡沫置于 CMC 溶液中浸渍 24h，取出后将泡沫中多余的 CMC 溶液排出，晾干备用。

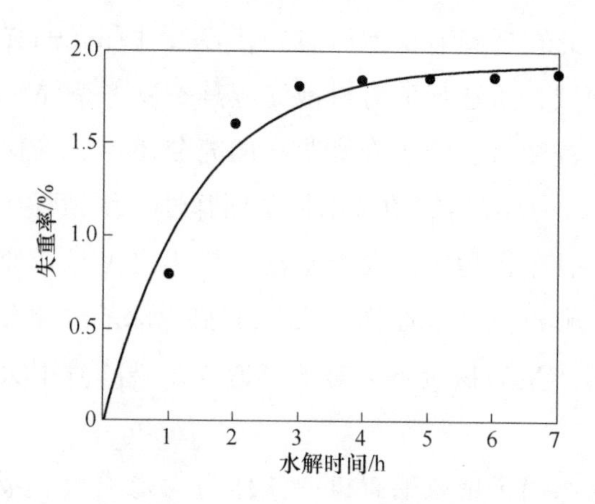

图 12-3　聚氨酯泡沫的失重率与水解时间的关系曲线

12.2.3　浆料的配制

用于浸渍的陶瓷浆料需具有一定的流动性与黏附性，便于浆料均匀且牢固地涂覆在聚氨酯海绵表面，避免烧结过程中出现陶瓷塌陷或陶瓷不成型的现象。浆料中的固相含量一般在 50%～75%（质量分数）[172]，使稀土尾矿最大程度地吸附在聚氨酯模板上，从而提高陶瓷的力学性能。以下是陶瓷浆料的配制过程：

（1）将制备陶瓷所需成分按比例称量，将称取好的 1%的 CMC 溶液、1%的十二烷基苯磺酸溶液、硅酸钠置于烧杯中，边搅拌边加入去离子水，直至混合均匀；

（2）将称取好的 73%（质量分数）的稀土尾矿粉末（200 目）加入配置好的添加剂溶液中，搅拌的同时加入去离子水，最终得到固相含量高且流动性好的陶瓷浆料。

12.2.4　尾矿陶瓷预制块的制备

聚氨酯海绵前驱体浸渍浆料阶段是整个工艺中重要的环节之一，首先将经过预处理的聚氨酯海绵置于陶瓷浆料中，通过反复按压、揉搓前驱体，使其充分吸收浆料直至饱和。随后将饱和的海绵前驱体取出，采用玻璃片挤压法将海绵中多余的浆料挤出，得到孔隙清晰且无多余浆料流出海绵前驱体。以上操作重复数次，以确保海绵前驱体的每一根孔筋上均布满足够的陶瓷浆料，之后置于室温条件下晾干待用。

为了缩短生产周期，本实验将陶瓷预制块置于烘箱中 80℃ 干燥 6h，烘箱干燥前应先将预制块在室温下晾干，若直接干燥，快速升温将使泡沫陶瓷的表面产生裂纹，影响陶瓷的机械强度。

12.2.5　稀土尾矿陶瓷的无压烧结

本实验对稀土尾矿泡沫陶瓷采用无压烧结的方式（在马弗炉中进行）。无压烧结是指在烧结过程中不施加任何压力，是制备泡沫陶瓷的常用方式。图 12-4 为尾矿陶瓷的无压烧结工艺曲线。

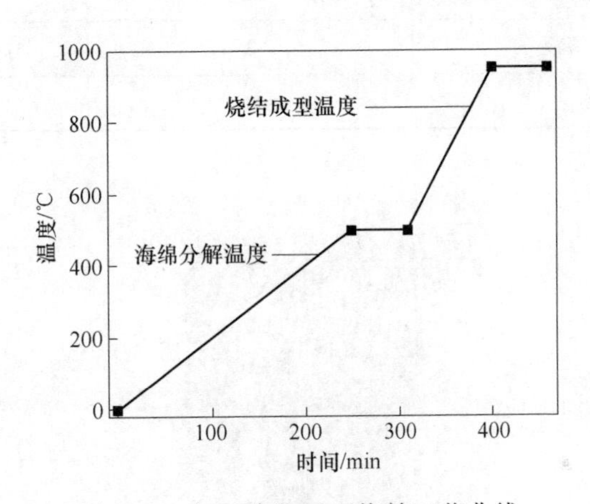

图 12-4　尾矿陶瓷无压烧结工艺曲线

尾矿泡沫陶瓷的无压烧结过程主要分为两个阶段：第一阶段是由室温逐渐升温到一定温度，使聚氨酯泡沫模板受热气化的过程；第二阶段是陶瓷烧结成型的过程。第一阶段的升温速率应尽可能缓慢，一般设定为 1～2℃/min。该过程中聚氨酯泡沫气化分解，若升温速率过快，短期溢出大量气体，将会使素胚收缩、塌陷，制得的陶瓷力学性能差；第二阶段在促使陶瓷烧结成型时可适当地加快升温速率、加快制备进度，升温速率一般控制在 5～6℃/min。考虑到陶瓷的力学性能，最终的烧结温度也十分重要，若烧结温度过低，陶瓷不易成型且机械强度低；若烧结温度过高，成品可能会出现变形收缩等现象。

12.3 泡沫陶瓷的物理性能

本实验以稀土尾矿为原料制备泡沫陶瓷，陶瓷浆料的具体成分及用量见表12-1。图12-5为在不添加任何烧结助剂情况下制得的陶瓷，烧结温度为950℃，本书将该条件下制得的陶瓷记为S0。

表12-1 陶瓷浆料组分表

组成成分	用量（质量分数）/%	用　途
白云鄂博稀土尾矿	73	主要原料
硅酸钠	7	黏结剂
1%的十二烷基苯磺酸钠溶液	1	表面活性剂
1%的CMC溶液	3	增稠、成膜、黏结
去离子水	16	溶剂

图12-5 尾矿陶瓷实物

12.3.1 孔隙率

孔隙率是指样品的孔隙体积在总体积中的占比，是陶瓷材料致密程度的表征，既可以鉴定陶瓷的烧结程度，还可以用来测定其吸附能力，是陶瓷性能的重要测试指标。本实验根据国标GB/T 1966—1996中的煮沸法对陶瓷孔隙率进行测量，具体步骤如下：

（1）测量陶瓷干重 m_1。

（2）采用煮沸法测量湿重，将上一步得到的样品放入烧杯中，添加去离子水至样品完全淹没，将烧杯加热至煮沸并保持1h。待冷却至室温后将样品拿出，用吸水饱和的湿毛巾擦拭样品多余的水分，然后快速称取饱和样品在空气中的质量 m_2。

（3）将上一步得到的饱和样品放入铜丝篮中并置于去离子水中，称取其在水中的质量 m_3。

（4）孔隙率 q 的计算公式为

$$q = \frac{m_2 - m_1}{m_2 - m_3} \times 100\% \tag{12-1}$$

经过测试，950℃烧结制得的尾矿陶瓷的孔隙率为85.7%。

12.3.2 抗压强度

抗压强度是衡量物体机械强度的重要指标之一，本实验通过使用压力试验机，按照国标 GB/T 1964—1996 对陶瓷的抗压强度进行测量，具体步骤如下：

（1）准备直径为20mm、高为20mm的圆柱体试样。

（2）试验机以20kg/cm^{2}的速度对样品施加压力，待压力降低时立即停止实验并记录试样破坏时的压力值。

（3）计算公式为：

$$A = \frac{1}{4}\pi \frac{d_1 + d_2}{2} \tag{12-2}$$

$$R = \frac{p}{A} \tag{12-3}$$

式中，A 为样品受压面积，cm^2；d_1、d_2 分别为样品上下受压面直径，cm；p 为样品破坏时施加的压力，N；R 为样品的抗压强度，MPa。

经计算，950℃烧结制得的尾矿陶瓷的抗压强度为2.9MPa。

12.4 尾矿陶瓷催化性能

由图12-6可知，600℃焙烧尾矿作为催化剂、反应空速为12000h^{-1}时，

测得的 T_{10}、T_{90} 分别为 459℃、676℃，725℃时甲烷转化率达到 100%；S0 作为催化剂时，在反应空速 12000h^{-1} 条件下测得的 T_{10}、T_{50} 分别为 693℃、766℃，当温度升至 800℃时，甲烷的转化率仅有 63.8%。由之前的实验结果可知，这是由于陶瓷烧结温度过高，导致催化剂活性降低。

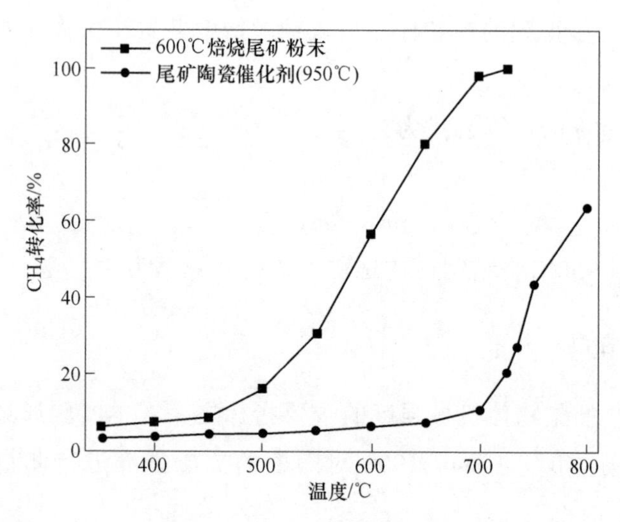

图 12-6 600℃焙烧尾矿与尾矿陶瓷对甲烷的催化活性图

12.4.1 添加烧结助剂 B_2O_3 的泡沫陶瓷的组织与性能

结合第 11 章对尾矿粉末催化剂的分析研究，烧结温度过高将会导致尾矿表面活性物质结晶度提高以至于催化剂活性降低，因此，本实验将通过在尾矿浆料中加入烧结助剂 B_2O_3 的方式降低烧结所需温度。

烧结过程中的动力来源为粉体的表面能，粉料在制备过程中产生的力学性能或其他能量以表面能的形式储存在粉体中，这种表面能可以推动烧结。通过升温，粉体的力学性能得到提高，以达到烧结致密的作用。B_2O_3 是常用的烧结助剂，其熔融温度为 470℃，该温度下能增加陶瓷素胚中的液相生成量，从而形成液相烧结，液相烧结通过提高烧结驱动力达到增加烧结的致密速度和最终制品密度的作用。

表 12-2 为尾矿陶瓷的成分设计，4 组材料均在 600℃条件下进行无压烧结，根据性能测试确定泡沫陶瓷最佳的烧结助剂添加量。

表 12-2 材料组成比例

材料编号	稀土尾矿（质量分数）/%	B_2O_3(质量分数)/%	添加剂和去离子水（质量分数)/%
S5	68	5	27
S10	63	10	27
S15	58	15	27
S20	53	20	27

12.4.2 尾矿陶瓷催化性能及稳定性

由图 12-7 可知，陶瓷 S5 与 600℃焙烧尾矿粉末催化剂的催化活性基本一致，这是由于烧结助剂添加量过少，导致陶瓷机械强度极差以至于不能成型，最终按粉末状催化剂进行活性测试；由表 12-3 可知，陶瓷 S10 的催化性能最佳，T_{10}、T_{50}、T_{90}分别为 407℃、561℃、637℃，相较于 600℃焙烧尾矿粉末催化剂，陶瓷 S10 的 T_{10}和 T_{90}分别降低 52℃和 39℃。由图 12-7 可知，当烧结助剂的添加量（质量分数）为 15%、20%时，催化效率反而降低，但均高于陶瓷 S0 催化剂。因此，当烧结助剂 B_2O_3 添加量（质量分数）为 10%时，制得的陶瓷的甲烷催化性能最佳。

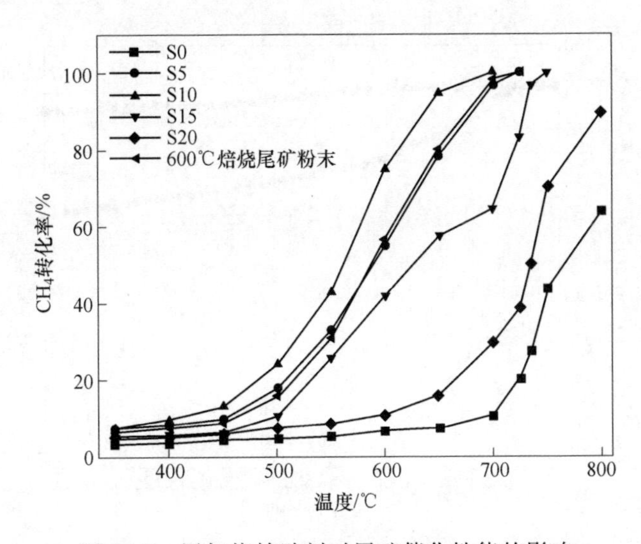

图 12-7 添加烧结助剂对尾矿催化性能的影响

表 12-3　各样品的 T_{10}、T_{50}、T_{90} 温度

样　品	T_{10}/℃	T_{50}/℃	T_{90}/℃
S0	693	766	—
S5	444	506	681
S10	407	561	637
S15	493	625	729
S20	577	734	800
600℃焙烧尾矿粉末	459	587	676

本实验测试了陶瓷 S10 与 600℃焙烧尾矿粉末催化剂的稳定性，将两种样品分别置入反应装置中，在各自 T_{90} 温度下对两种样品进行 3000min 的稳定性试验。由图 12-8 可知，600℃焙烧尾矿在反应 240min 后，甲烷转化率开始下降，3000min 后，甲烷的转化率从 90%降为 59. 8%；陶瓷 S10 作为催化剂，反应时间 0～960min 时，甲烷的转化率维持在 90%，3000min 后，甲烷转化率降至 85%。实验表明，粉末状催化剂的稳定性不高，这是由于反应时间过长，粉末易聚集结块，降低了反应气体与催化剂的接触面积，从而降低了催化效率。而陶瓷催化剂在 3000min 后甲烷转化率并没有明显降低，这是由于多孔陶瓷的机械强度较高，耐热冲击，不易发生变形。

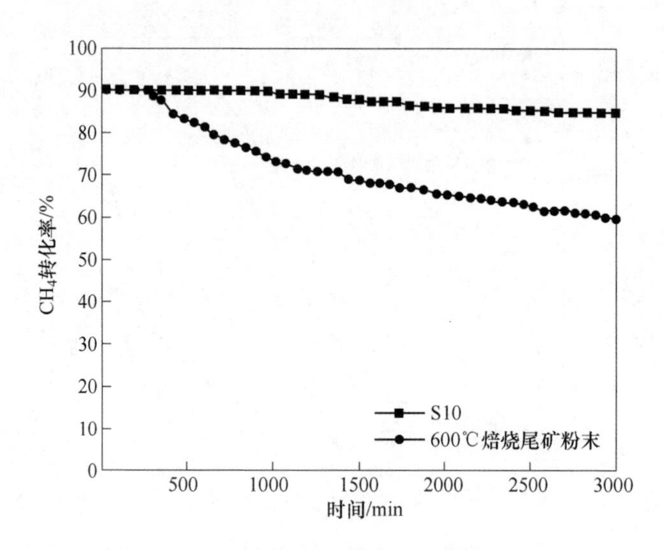

图 12-8　S10 与 600℃焙烧尾矿粉末稳定性

12.4.3 烧结助剂添加量对泡沫陶瓷物理性能的影响

由于陶瓷 S5 未能成型，物理性能仅测试样品 S10、S15、S20 的孔隙率、抗压强度。由表 12-4 可知，孔隙率随着烧结助剂添加量的升高而降低，抗压强度随着烧结助剂的增加而增加。烧结助剂的加入增加了材料中的液相生成量，从而形成液相烧结，但随着烧结助剂含量的增加，材料中液相生成量也随之增加，过量的液相将填充泡沫陶瓷的孔隙，这是孔隙率下降、抗压强度上升的主要原因。其中孔隙率是选择整体式催化剂时的重要指标之一，孔隙率越大，反应气体与催化剂的接触面积越大，从而提高催化剂的催化效率。

表 12-4 陶瓷样品的孔隙率、抗压强度

样品	孔隙率/%	抗压强度/MPa
S10	87.6	2.6
S15	80.5	3.0
S20	64.7	3.7

12.5 尾矿陶瓷的表征结果及分析

制备的各泡沫陶瓷催化剂中，样品 S10 的催化性能最佳，因此本实验将对样品 S10 进行表征分析。

12.5.1 XRF 和 XRD 表征分析

为了分析稀土尾矿和成型的泡沫陶瓷的成分和结构差异，分别对其进行 XRF 和 XRD 检测。稀土尾矿和泡沫陶瓷的化学成分经 XRF 测定见表 12-5。从元素种类来看，稀土尾矿中含有大量的金属元素，其中稀土氧化物总量（REO）占比 8.91%，而制备成型的泡沫陶瓷的稀土氧化物总量（REO）占比 11.1%，稀土总含量增加，通过查阅文献可知[14]，氟碳铈矿在有氧气氛下 500~700℃可以分解产生含 Ce、La、Nd 等稀土氧化物。因此，泡沫陶瓷中稀土总含量比稀土尾矿中稀土总含量有所增加。图 12-9 为泡沫陶瓷和稀土尾矿的 XRD 图谱，尾矿中主要成分为氟碳铈矿（$CeCO_3F$，其中 Ce 代表的是 La、Ce、Pr、Nd 等）、萤石 CaF_2、赤铁矿 Fe_2O_3、石英 SiO_2，铁元素的存在

方式主要为 Fe_2O_3，Ce 的存在方式主要为 $CeCO_3F$。与稀土尾矿原矿相比，制备成型的泡沫陶瓷中产生钙磷灰石相，化学分子式为 $Ca_5(PO_4)_3(OH)$；氟碳铈矿的峰消失，Ce 的存在方式主要为 CeO_2；尾矿中的 Fe_3O_4 也全部转化为 Fe_2O_3。

表 12-5 稀土尾矿和泡沫陶瓷的化学成分

样品	SiO_2	MgO	TFe	CaO	P_2O_5	BaO	Nb_2O_5	MnO_2	CeO_2	Pr_6O_{11}	Nd_2O_3	La_2O_3
稀土尾矿（质量分数）/%	5.35	2.28	42.5	18.9	1.96	4.00	0.213	2.11	4.62	0.460	1.52	2.27
S10（质量分数）/%	5.90	1.77	35.9	16.8	2.66	5.19	0.247	1.51	5.07	0.648	2.27	3.11

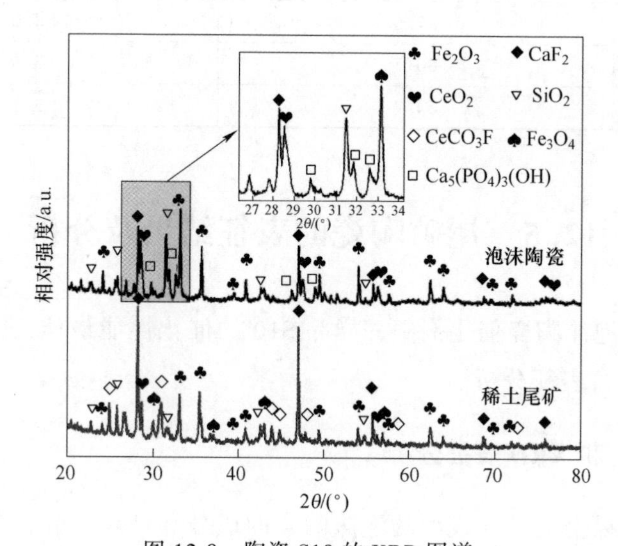

图 12-9 陶瓷 S10 的 XRD 图谱

由图 12-9 陶瓷 S10 的 XRD 分析可知，制得的陶瓷 S10 中有新的晶相生成，该晶相为钙磷灰石相，化学分子式为 $Ca_5(PO_4)_3(OH)$。

12.5.2 SEM 表征分析

图 12-10（a）~（d）为多孔陶瓷材料放大不同倍数的扫描电镜图像，矿在制备前的状态是粒径为 45μm 左右的颗粒状，在材料成型与高温烧结过程中内部形成大量彼此相通或闭合的气孔。多孔陶瓷具有丰富的大孔和介

孔，宏观的大孔孔径在200~500μm，在大孔的孔壁上有20~50μm的小孔。在放大3000~5000倍时，发现材料呈现棱柱棒状二维结构，截面长度为1~3μm，长度为5~10μm。

图12-10　泡沫陶瓷的SEM图谱

(a) 放大100倍；(b) 放大1000倍；(c) 放大3000倍；(d) 放大5000倍

图12-11为泡沫陶瓷的放大结构图，可见泡沫陶瓷表现为两类形貌，分别为六棱柱结构和四棱柱结构，在不同位置进行EDS检测，其中1点和2点位于六棱柱上，3点和4点位于四棱柱上，各元素的原子百分比列于表12-6。从表12-6中可知，1点和2点处的元素主要有Ca、P、Ce、La、Nd、Pr、Fe等元素，其中Ca与P原子比分别为1.77和1.84，接近于$Ca_5(PO_4)_3(OH)$的Ca与P原子比，且钙离子可以被Ce、La、Nd、Pr、Fe等金属离子取代。结合XRD分析结果，存在羟基磷灰石相，且羟基磷灰石的晶体结构为六方晶系[182]。因此，该六棱柱形貌的晶体可确定为$Ca_5(PO_4)_3(OH, F)$。

与1点和2点相比，3点和4点处的元素没有稀土元素，主要含有O、Mg、Si、Ca、Mn、Fe等碱土金属和过渡金属元素，其中Si与O原子比约为1/4，可推测该四棱柱结构为一种硅酸盐相。

图 12-11　泡沫陶瓷催化剂的 EDS 图谱

表 12-6　各元素的原子百分比　（%）

点的编号	O	Mg	Si	Ca	Fe	Mn	La	P	Ce	Pr	Nd	F
1	56.31	0.62	4.90	10.69	1.84	—	1.75	6.04	1.14	0.41	0.75	3.21
2	51.51	1.06	4.00	10.84	5.59	—	2.51	5.89	1.68	0.62	1.93	3.74
3	60.89	5.23	15.12	5.92	1.99	0.47	—	—	—	—		—
4	60.79	5.56	15.96	6.00	1.69	0.49	—	—	—	—	—	—

12.6　本 章 小 结

本章以稀土尾矿为原料、B_2O_3 为烧结助剂、聚氨酯海绵为模板，采用有机泡沫浸渍法制备泡沫陶瓷，并将其用于催化低浓度甲烷燃烧，具体结论如下。

（1）首先在不添加烧结助剂的条件下，采用有机泡沫浸渍法将经过预处理的聚氨酯海绵置于尾矿浆料中，取出并干燥制得陶瓷预制块，最后在马弗炉中 950℃条件下烧得尾矿泡沫陶瓷，经测量其孔隙率为 85.7%，抗压强度为 2.9MPa。但其作为催化剂对低浓度甲烷的催化活性较差，反应温度为 800℃时，低浓度甲烷的转化率仅为 63.8%。

（2）添加不同含量的烧结助剂 B_2O_3（5%、10%、15%、20%）并均在 600℃条件下烧结，结果表明添加 10%的 B_2O_3 时对低浓度甲烷的催化效果最佳，其 T_{10}、T_{90}分别为 407℃、637℃。烧结助剂含量为 10%、15%、20%

时，孔隙率随着烧结助剂含量的增加而降低，抗压强度与之相反。结合对陶瓷催化剂的催化性能及物理性能相关研究，尾矿陶瓷最佳配方为质量分数为63%的稀土尾矿、10% B_2O_3、7%硅酸钠、1%十二烷基苯磺酸钠溶液、1% CMC 溶液、16%去离子水。

(3) XRD 表征分析显示，制备的陶瓷中生成钙磷灰石相 $Ca_5(PO_4)_3(OH)$；SEM 表征发现制备的陶瓷壁面生成了许多棒状结构，经过 EDS 能谱分析，该棒状物的 Ca 与 P 原子比和 $Ca_5(PO_4)_3(OH)$ 的 Ca 与 P 原子比接近，结合 XRD 确定该棒状物为 $Ca_5(PO_4)_3(OH)$。

13　稀土尾矿基整体催化剂的制备及其对低浓度甲烷催化燃烧性能

白云鄂博稀土尾矿作为包钢选矿厂在选铁、选稀土过程中产生的废弃物，为典型的共生、伴生难处理尾矿，其中含大量稀土、铌、铁、钙等有价矿物组分，是潜在的二次资源。尾矿中的稀土金属和过渡金属等有价元素都会对甲烷气体起到催化作用。稀土在催化过程中的作用是多方面的，有文献报道，稀土元素具有特殊的变价特性和化学活性，且尾矿中多金属的协同作用都可以增加催化剂的活性和热稳定性[170]。有机泡沫浸渍法成功制备出泡沫陶瓷材料（TFC）并直接用作整体催化剂的载体，采用浸渍法对泡沫陶瓷载体进行氧化铝溶胶的涂覆和 CuO 活性组分的负载，制备出 $CuO/\gamma\text{-}Al_2O_3/TFC$ 整体催化剂，并与负载涂层和活性组分的尾矿陶瓷对比，结果表明其对低浓度甲烷催化效果较好。稀土尾矿作为载体制备整体催化剂具有重要的理论意义和实用价值，同时也为白云鄂博稀土尾矿的高值化利用提供了新途径。

13.1　催化剂的制备

取质量分数为 65%的尾矿原料、1%羧甲基纤维素钠、1%十二烷基苯磺酸钠、10%硼酸、3%无水乙醇，质量分数为 35%的硅溶胶溶液 30%，加入去离子水，使液固比达到 3∶1，充分混合均匀得到陶瓷浆料。将经过 NaOH 溶液改性后的聚氨酯泡沫浸入陶瓷浆料中充分挤压吸浆后，采用玻璃板挤压法排除多余的浆料，在室温下自然晾干后，置于鼓风干燥箱中干燥 6h 取出，将所述泡沫陶瓷预制体在空气氛围下 600℃焙烧 3h。将拟薄水铝石粉加入一定量的去离子水中，在搅拌的同时滴加适量稀硝酸。然后加热至 80℃，再滴加硝酸至完全溶解，控制铝溶胶的 $pH<2$，最后得到的氧化铝浆液（固体的质量分数为 20%）即为载体涂层涂覆液。将直径为 15mm、长度为 25mm 的

泡沫陶瓷载体（TFC）浸入氧化铝浆液中，30min后取出，用压缩空气将泡沫陶瓷上的多余溶胶吹净；放入烘箱，在120℃下干燥2h，马弗炉中450℃焙烧3h，此步骤重复进行，直到涂层负载量为载体质量的8%。

称取 $Cu(NO_3)_2 \cdot 3H_2O$ 颗粒溶于去离子水，搅拌均匀配置成浓度为1.5mol/L的溶液，作为活性组分浸渍液，将泡沫陶瓷载体在活性组分浸渍液中浸渍4h后取出，用压缩空气吹去孔中残留溶液，在烘箱中100℃干燥，马弗炉550℃焙烧2h，重复此操作，直到制备出CuO的负载量，质量分数为1%、2%、4%、6%的整体催化剂。

图13-1（a）所示为泡沫陶瓷整体催化剂的负载示意图，该催化剂具有多层结构，包含载体、涂层、活性组分共三部分；图13-1（b）所示为整体催化剂的实物图，在材料成型与高温烧结过程中形成大量彼此相通或闭合的气孔。

图13-1 整体催化剂的负载示意图和整体催化剂的实物图
（a）整体催化剂的负载示意图；（b）整体催化剂的实物图

13.2 催化剂的物相结构和表面性质

13.2.1 XRD分析

图13-2为泡沫陶瓷（TFC）和 $CuO/\gamma\text{-}Al_2O_3/TFC$ 催化剂的XRD衍射图谱，由图可见稀土尾矿泡沫陶瓷载体中主要成分为 CeO_2、CaF_2、Fe_2O_3、SiO_2、$Ca_5(PO_4)_3(OH)$；负载量为1%、2%、4% CuO的整体催化剂位置、

强度和泡沫陶瓷相似，并没有检测到铜的物种。这些结果表明 CuO 物种分散比较均匀。随着 CuO 负载量增加，催化剂中 CuO 晶相的衍射峰强度越来越大。负载 6% CuO 的整体催化剂在 35.6°和 38.7°出现 CuO 的（020）和（111）晶面对应的特征峰，表明 CuO 分散性变差，开始在泡沫陶瓷表面结晶[183-184]。

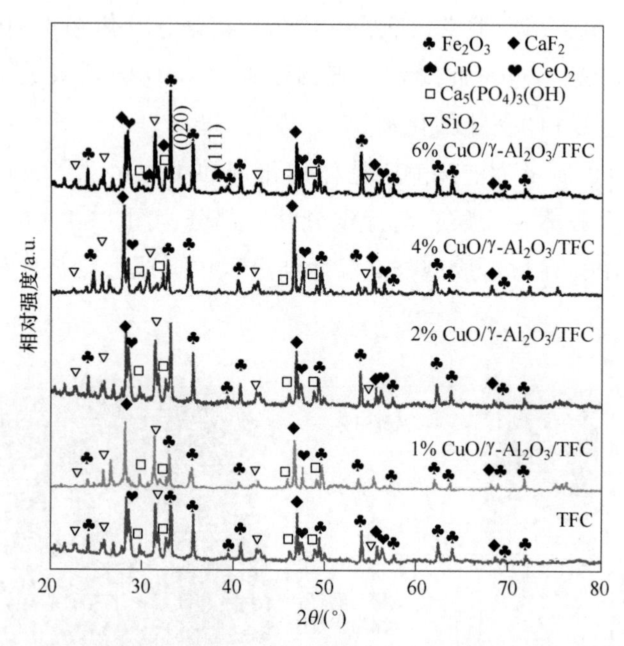

图 13-2 稀土尾矿泡沫陶瓷载体和负载氧化铜样品的 XRD 衍射图谱

13.2.2 BET 分析

分析催化剂的比表面积、孔容和孔径，结果见表 13-1，未负载 CuO 的泡沫陶瓷（TFC）比表面积较大，达到 15.8m^2/g，孔体积为 0.09cm^3/g。随着 CuO 负载量的增加，$CuO/\gamma\text{-}Al_2O_3/TFC$ 催化剂比表面积降低（12.6～15.2m^2/g），平均孔径降低（12.0～14.9nm），孔容也呈现出下降趋势。这是由于 CuO 含量增大，CuO 占据了泡沫陶瓷中的孔道，导致其孔容减小。图 13-3 为泡沫陶瓷（TFC）和催化剂 4% $CuO/\gamma\text{-}Al_2O_3/TFC$ 的 N_2 吸脱附等温线图，4% $CuO/\gamma\text{-}Al_2O_3/TFC$ 催化剂的 N_2 吸附量高于 TFC，催化剂均属于典型的Ⅳ型等温线，在中压区域出现 H3 型回滞环，其对应多孔吸附剂出现毛细凝聚体系。中孔毛细凝聚填满后，继续吸附形成多分子层，吸附等温线继续上升，但是没有饱和吸附平台，说明催化剂具有裂隙孔，并且孔结构不完整且催化剂中有介孔结构存在[103]。

表 13-1 样品的 BET 分析

催化剂	比表面积 /$m^2 \cdot g^{-1}$	孔容 /$cm^3 \cdot g^{-1}$	孔径 /nm
TFC	15. 8	0. 09	15. 0
1%CuO/γ-Al_2O_3/TFC	15. 2	0. 05	14. 9
2%CuO/γ-Al_2O_3/TFC	13. 6	0. 04	13. 8
4%CuO/γ-Al_2O_3/TFC	13. 7	0. 04	12. 7
6%CuO/γ-Al_2O_3/TFC	12. 6	0. 03	12. 0

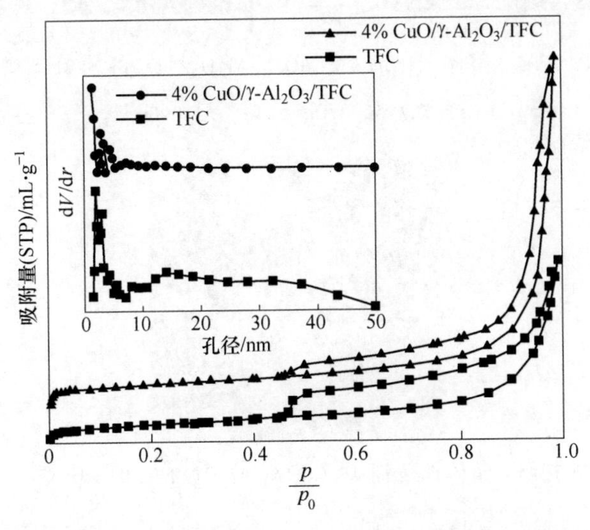

图 13-3 TFC 和 4%CuO/γ-Al_2O_3/TFC 的 N_2 吸脱附等温线图（插图为孔径分布图）

13. 2. 3 形貌及表面元素分析

图 13-4 是催化剂 4%CuO/γ-Al_2O_3/TFC 的扫描电镜图，可见骨架载体呈现棱柱棒状二维结构，骨架上面负载球状物质，分别对 1 和 2 位置进行 EDS 检测（见图 13-5），各元素的原子百分比列于表 13-2。从表 13-2 中可知，2 点的主要元素为 Cu 和 O。Cu/O 的原子百分比为 0. 92 : 1，球状物质为负载的 CuO 活性组分，CuO 球的大小为 2 ~ 3μm，1 点处的元素主要有 O、Ca、P、Ce、Si、Fe、Mg 等元素，其中 Ca/P 原子比分别为 1. 83，接近于

$Ca_5(PO_4)_3(OH)$的Ca/P原子，且钙离子可以被Ce、Fe、Mg等金属离子取代。结合XRD分析结果，存在羟基磷灰石相，且羟基磷灰石的晶体结构为六方晶系[182]。因此，该六棱柱形貌的晶体可确定为$Ca_5(PO_4)_3(OH,F)$。截面长度为1~3μm，长度为5~10μm。

(a) (b)

图13-4 整体催化剂4%$CuO/\gamma\text{-}Al_2O_3$/TFC的SEM图谱

(a) 放大5000倍；(b) 放大10000倍

图13-5 整体催化剂4%$CuO/\gamma\text{-}Al_2O_3$/TFC的EDS图谱

表13-2 各元素的原子百分比 (%)

点的位置	O	Mg	Si	Ca	Fe	Cu	Ce	P
1	55.31	0.68	4.05	10.41	2.58	—	1.14	5.68
2	43.32	—	—	—	1.30	39.82	—	—

13.3 催化活性和反应活化能分析

图13-6(a)为泡沫陶瓷载体和不同CuO负载量的甲烷催化活性曲线，4组负载CuO的催化剂的起燃温度T_{10}在331~393℃，完全燃烧温度T_{90}在

594~690℃。随着 CuO 的负载量增加，整体催化剂的活性增加，负载量在4%时催化活性最好，T_{10}为 302℃，T_{90}为 581℃；负载量为 6%时，活性稍有下降，T_{10}为 331℃，T_{90}为 594℃。如表 13-3 所示，4 种催化剂按甲烷燃烧催化活性顺序为 4% $CuO/\gamma\text{-}Al_2O_3$/TFC > 6% $CuO/\gamma\text{-}Al_2O_3$/TFC > 2% $CuO/\gamma\text{-}Al_2O_3$/TFC>1% $CuO/\gamma\text{-}Al_2O_3$/TFC。

根据文献［183］，甲烷催化氧化具有一级动力学模型，图 13-6（b）为甲烷催化燃烧的表观活化能（E_a）拟合图，曲线的相关系数均在 0.977 以上，拟合结果列于表 13-3。与载体相比，不同 CuO 负载量的整体催化剂的 E_a 大幅度降低，样品 4% $CuO/\gamma\text{-}Al_2O_3$/TFC 的 E_a 为 97.07kJ/mol。因此，样品 4% $CuO/\gamma\text{-}Al_2O_3$/TFC 的催化活性最高。CuO 负载量对催化剂催化性能和结构性质影响明显。CuO 负载量较高时，催化剂比表面积和孔容均下降，可能会出现 CuO 晶粒的堆积或团聚，降低活性中心分散性，导致催化剂 CuO 利用率下降。以上说明在低负载量情况下，CuO 在载体上的分散性较高，有利于 CH_4与活性中心接触和反应，提高了活性中心的利用率[173]。

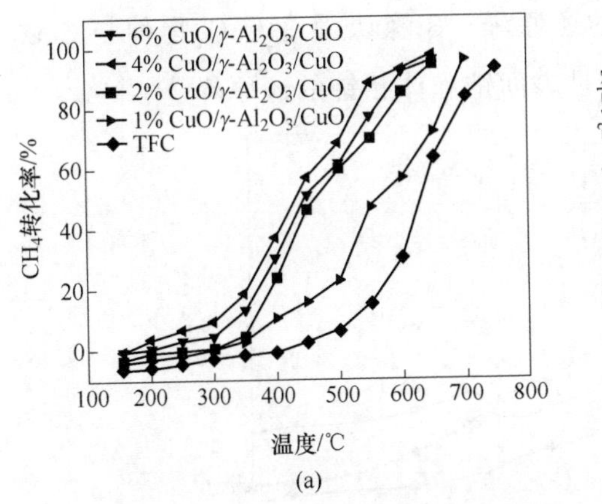

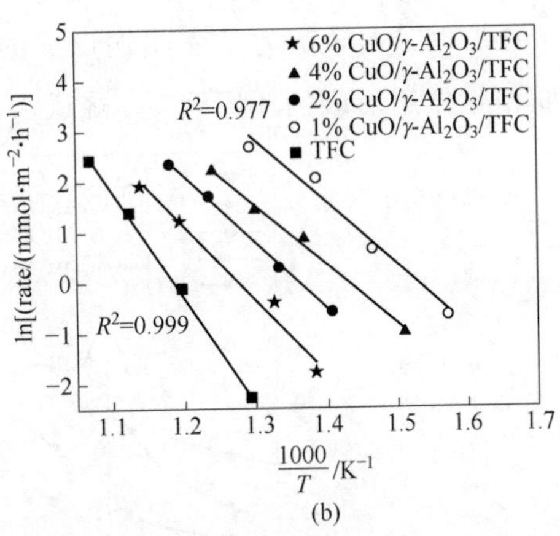

图 13-6 催化剂的甲烷催化活性曲线和催化剂的表观活化能

（a）催化剂的甲烷催化活性曲线；（b）催化剂的表观活化能

表 13-3 样品的催化性质

样 品	T_{10}/℃	T_{50}/℃	T_{90}/℃	E_a/kJ · mol^{-1}
TFC	523	628	736	176.90
1% $CuO/\gamma\text{-}Al_2O_3$/TFC	393	560	690	114.56

续表 13-3

样　品	T_{10}/℃	T_{50}/℃	T_{90}/℃	E_a/kJ · mol^{-1}
2%CuO/γ-Al_2O_3/TFC	363	461	632	110.45
4%CuO/γ-Al_2O_3/TFC	302	430	581	97.07
6%CuO/γ-Al_2O_3/TFC	331	446	594	104.67

13.4　氧化还原性能分析

图 13-7 为泡沫陶瓷载体和负载不同比例的铜整体催化剂的 TPR 图谱，由于尾矿具有“贫、细、杂”的特点，其内部含有大量物质，但含量不高，所以图中并不能表现出对应所有物质明显的峰，在 400～700℃出现一个还原峰，对应表面铈和体相铈的还原。负载 1%CuO 的样品在 410℃出现一个还原峰，负载量为 2%、4%、6%的催化剂主要存在 3 个主峰，分别为 410℃处的 α 还原峰、490℃处的 β 还原峰、600℃处的 γ 还原峰。一般 CuO 出现两个还原峰，α 峰认为是体相铜形成的还原峰；β 峰认为是 CuO_x 物种与 CeO_2 弱相互作用形成的还原峰；γ 峰认为是表面铈和体相铈的还原峰[184-185]。

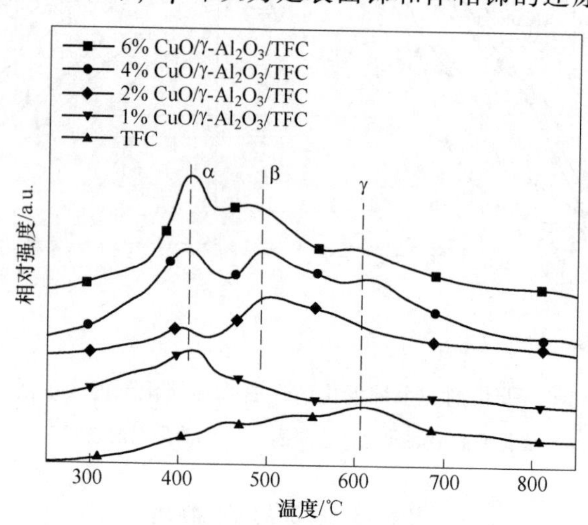

图 13-7　载体和负载不同比例的铜整体催化剂的 TPR 图谱

表 13-4 为各还原峰的温度和峰面积占比，结果表明负载 CuO 的样品还原峰数目比泡沫陶瓷（TFC）多，说明 CuO 物种的加入与泡沫陶瓷中的活性

组分产生相互作用。其中 4%CuO/γ-Al_2O_3/TFC 和 6%CuO/γ-Al_2O_3/TFC 催化剂的还原峰数目最多，说明催化剂提供氧或氧化态物质更多，研究表明活性组分与载体之间相互作用越强，催化活性越好。4%CuO/γ-Al_2O_3/TFC 的总峰面积最大，说明其消耗氢气量最大，其氧化还原性能最好，综合来看，CuO 含量为 4%时催化剂性能较优。

表 13-4 CuO 还原峰位置及峰面积占比

催化剂	峰位置/℃			面积占比/%			总面积
	α 峰	β 峰	γ 峰	α 峰	β 峰	γ 峰	
TFC	—	—	605.6	—	—	100	6846.8
1%CuO/γ-Al_2O_3/TFC	411.8	—	—	100	—	—	3996.2
2%CuO/γ-Al_2O_3/TFC	402.2	491.1	—	15.8	84.2	—	4134.4
4%CuO/γ-Al_2O_3/TFC	407.7	488.0	613.1	27.1	42.7	30.2	9626.7
6%CuO/γ-Al_2O_3/TFC	410.4	491.4	605.2	28.1	48.7	23.2	7283.6

13.5 XPS 分析

图 13-8（a）为催化剂的 Cu 2p 的 XPS 图谱，所有催化剂都由两组峰组成，930~947eV 为 Cu $2p_{3/2}$轨道和相应的卫星峰，948~965eV 为 Cu $2p_{1/2}$轨道和相应的卫星峰，通过图 13-8（a）可以看出 Cu $2p_{3/2}$包括两个特征峰，932.5eV 被认为是 Cu^+物种的特征峰；933.8eV 被认为是 Cu^{2+}物种的特征峰[186]。通常铜物种还原度的计算通过 Cu $2p_{3/2}$轨道的卫星峰与它相应的主峰比 $Cu^{2+}/(Cu^{2+}+Cu^+)$ 列于表 13-5。标准的 Cu^{2+}物种 $Cu^{2+}/(Cu^{2+}+Cu^+)$ 占比为 57%，值越低意味着具有更大含量的还原铜物种[187]。所有样品按 $Cu^{2+}/(Cu^{2+}+Cu^+)$ 原子浓度比排序为 4% CuO/γ-Al_2O_3/TFC < 6% CuO/γ-Al_2O_3/TFC < 2% CuO/γ-Al_2O_3/TFC < 1% CuO/γ-Al_2O_3/TFC。比值越低证明含有更多的还原铜物种（Cu^+和 Cu^0）。可以看出 4%CuO/γ-Al_2O_3/TFC 的催化剂 Cu^{2+}物种的 $Cu^{2+}/(Cu^{2+}+Cu^+)$ 比值最低，这可能是由于稀土尾矿表面含有 Ce^{3+}，CuO 含量为 4%时，Ce^{3+}与 Cu^{2+}浓度相当，发生电子转移平衡 $Cu^{2+}+Ce^{3+}\rightarrow Cu^++Ce^{4+}$，所以会产生更多的 Cu^+，具有良好分散性的 Cu^+物种是吸附气体的主要活性中心，低价铜物种含量越多，催化性能越好[186]。

图 13-8（b）是 4 种催化剂的 Ce 3d 的 XPS 图谱，从图中可以看出 Ce 3d 被分成两组八个自旋轨道耦合峰，其中 v、v′、v″、v‴表示 Ce $3d_{3/2}$的电子结合能谱峰，u、u′、u″、u‴表示 Ce $3d_{5/2}$的电子结合能谱峰，v、v″、v‴、u、u″、u‴峰对应的是 Ce^{4+}的特征峰，而 v′、u′对应的是 Ce^{3+}的特征峰[187]。由图 13-8（b）可知，在两组样品的表面，Ce 离子以 Ce^{3+}与 Ce^{4+}形态共存，且以 Ce^{4+}为主要的价态。一般认为 Ce^{3+}能够增加氧空位从而产生更多的晶格氧缺陷，晶格氧缺陷的存在能够提高体相氧的移动，从而提高$Ce^{3+} \rightleftharpoons Ce^{4+}$之间的氧化还原能力及储氧性能，这对提高氧化反应的性能是至关重要的，表面 Ce^{3+}的含量通过 Ce^{3+}的峰面积与 Ce 3d 所有峰的峰面积之和的比值计算得出，并列于表 13-5，可以看出 4 种催化剂的 $Ce^{3+}/(Ce^{3+}+Ce^{4+})$含量均在 20%左右，其中 4%CuO/γ-$Al_2O_3$/TFC 的 Ce^{3+}相对含量最高为 26%，Ce^{3+}的存在将导致催化剂表面电荷不平衡，从而在催化剂表面形成不饱和化学键，促进催化剂对游离氧的吸收并加速 Ce 元素本身的电子循环，并可以更好地还原氧化铜和产生更多的 Cu^+活性位点物种[187]。

图 13-8（c）是 4 种催化剂的 Fe 2p 的 XPS 图谱，催化剂的 Fe 2p 轨道的 XPS 图谱呈现两个强峰和一个较弱的辅峰，两个强峰分别为 711eV 左右的 Fe $2p_{3/2}$和 725eV 左右的 Fe $2p_{1/2}$，一个弱峰是 718. 0eV。通过分峰 Fe $2p_{2/3}$得到两个峰，分别为 712. 2eV 和 709. 1eV，其中 712. 2eV 处的峰归属为 Fe^{3+}，而 709. 1eV 处的峰可归属为 Fe^{2+}。Fe 以 Fe^{2+}和 Fe^{3+}的形态共存，且以 Fe^{3+}为主[188]。原稀土尾矿中的 Fe 均存在于 Fe_2O_3 中，反应过程中尾矿中的 Fe^{2+}、Fe^{3+}之间相互转化，Fe^{2+}不稳定、有较强的还原性，因此较多的 Fe^{2+}有利于提高催化剂的催化活性。通过计算 Fe^{2+}的相对浓度，4%CuO/γ-Al_2O_3/TFC的 $Fe^{2+}/(Fe^{2+}+Fe^{3+})$含量比值为 41%。

图 13-8（d）是 4 种催化剂的 O 1s 的 XPS 图谱，图上有两个峰，结合能在 531. 5～533. 0eV 的归属于吸附氧原子的峰（O_α），结合能在 529. 5～530. 5eV 的归属于晶格氧原子的峰（O_β）。Ce 元素的分布主要以 Ce^{4+}价态为主，$Ce^{3+} \rightleftharpoons Ce^{4+}$的循环将增加催化剂晶格氧的流动性[187]。Cu 的掺杂导致了更多的表面氧空位，通常由于其高迁移率，吸附氧在氧化反应中比晶格氧的反应性更强，因此对于氧化反应来说，表面吸附氧物种被认为是更加活泼，4%CuO/γ-Al_2O_3/TFC 含有的吸附氧最多，所以有较高的催化活性。

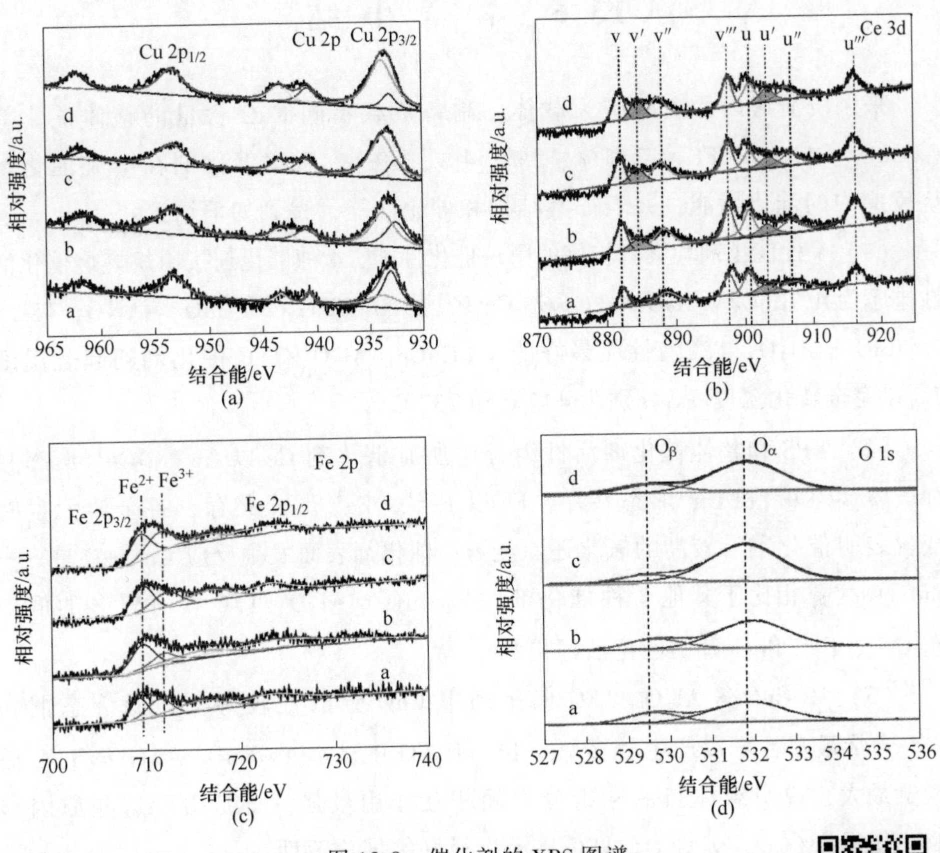

图 13-8 催化剂的 XPS 图谱

(a) Cu 2p；(b) Ce 3d；(c) Fe 2p；(d) O 1s

a—1%CuO/γ-Al_2O_3/TFC；b—2%CuO/γ-Al_2O_3/TFC；

c—4%CuO/γ-Al_2O_3/TFC；d—6%CuO/γ-Al_2O_3/TFC

图 13-8 彩图

表 13-5 催化剂表面元素种类和所占比例

样　品	$Cu^{2+}/(Cu^{2+}+Cu^{+})$ /%	$Ce^{3+}/(Ce^{3+}+Ce^{4+})$ /%	$Fe^{2+}/(Fe^{2+}+Fe^{3+})$ /%	$O_α/(O_α+O_β)$ /%
1%CuO/γ-Al_2O_3/TFC	52	19	25	75
2%CuO/γ-Al_2O_3/TFC	52	22	27	80
4%CuO/γ-Al_2O_3/TFC	49	26	41	86
6%CuO/γ-Al_2O_3/TFC	50	23	36	82

13.6　本章小结

采用浸渍法以稀土尾矿为载体，制备负载不同 CuO 含量的整体催化剂（XCuO/γ-Al_2O_3/TFC，X=1%、2%、4%、6%），考察催化剂在甲烷催化燃烧反应中的催化性能，并表征其结构和催化性能，得到如下结论：

（1）4 种催化剂均具有较好的甲烷催化性能，4 种催化剂按甲烷燃烧催化活性排序为 4%CuO/γ-Al_2O_3/TFC>6%CuO/γ-Al_2O_3/TFC>2%CuO/γ-Al_2O_3/TFC>1%CuO/γ-Al_2O_3/TFC。性能最好的 4%CuO/γ-Al_2O_3/TFC 催化剂的起燃温度 T_{10}和完全转化温度 T_{90}分别为 447℃和 737℃。

（2）XPS 和整体催化剂活性组分中所有催化剂 Ce 以 Ce^{3+}、Ce^{4+}形态共存，Cu 以 Cu^{2+}和 Cu^{+}形态共存，Fe 以 Fe^{2+}、Fe^{3+}形式共存，各金属元素间变价表明催化剂有较高的氧化还原能力；催化剂表面发生反应 $Cu^{2+}+Ce^{3+} \longrightarrow Cu^{+}+Ce^{4+}$，相比于其他 3 种催化剂，4%CuO/$\gamma$-$Al_2O_3$/TFC 含有较多的低价态 Cu^{+}、Fe^{2+}和 Ce^{3+}，催化活性更高。

（3）4%CuO/γ-Al_2O_3/TFC 催化剂中 CuO 分散性较好，其低价态铜和 Fe^{2+}含量最多，可以产生较多氧空位，H_2-TPR 显示 4%CuO/γ-Al_2O_3/TFC 耗氢量最大，说明载体与活性组分之间相互作用最强，正是由于这些原因影响，使得 4%CuO/γ-Al_2O_3/TFC 显示出最好的催化活性。

参考文献

[1] ZHENG B, TONG D, LI M, et al. Trends in China's anthropogenic emissions since 2010 as the consequence of clean air actions [J]. Atmospheric Chemistry and Physics, 2018, 18 (19): 14095-14111.

[2] 王军霞，李曼，敬红，等. 我国氮氧化物排放治理状况分析及建议 [J]. 环境保护，2020，48 (18)：24-27.

[3] 蒋春来，宋晓晖，钟悦之，等. 2010~2015 年中国燃煤电厂 NO_x 排放特征 [J]. 中国环境科学，2018，38 (8)：2903-2910.

[4] YUAN Q, LAURA S, ARNOLD T, et al. China's potential SO_2 emissions from coal by 2050 [J]. Energy Policy, 2020, 147: 111856.

[5] 钟秦，曲虹霞，徐复铭，等. V_2O_5/TiO_2 选择性催化还原脱除烟气中的 NO_x [J]. 燃料化学学报，2001，4：378-380.

[6] HAN L P, CAI S X, GAO M, et al. Selective catalytic reduction of NO_x with NH_3 by using novel catalysts: State of the art and prospects [J]. Chemical Reviews, 2019, 119 (19): 10916-10976.

[7] 孟昭磊. 稀土精矿负载 Fe_2O_3 矿物催化材料 NH_3-SCR 脱硝性能研究 [D]. 包头：内蒙古科技大学，2020.

[8] ZHANG K, ZHU J H, ZHANG S N, et al. Influence of impurity dissolution on surface properties and NH_3-SCR catalytic activity of rare earth concentrate [J]. Minerals, 2019, 9 (4): 246.

[9] BONINGARI T, ETTIREDDY P R, SOMOGYVARI A, et al. Influence of elevated surface texture hydrated titania on Ce-doped Mn/TiO_2 catalysts for the low-temperature SCR of NO_x under oxygen-rich conditions [J]. Journal of Catalysis, 2015, 325: 145-155.

[10] LIU X S, JIANG P, CHEN Y, et al. A basic comprehensive study on synergetic effects among the metal oxides in CeO_2-WO_3/TiO_2 NH_3-SCR catalyst [J]. Chemical Engineering Journal, 2021, 421 (2): 127833.

[11] 肖雨亭，吴鹏，王玲，等. Ce 改性 Fe-Mn/TiO_2 低温 SCR 脱硝催化剂硫中毒机理 [J]. 化工环保，2019，39 (4)：431-436.

[12] LI F X, XIE J L, DE F, et al. Mechanistic study of Ce-modified MnO_x/TiO_2 catalysts with high NH_3-SCR performance and SO_2 resistance at low temperatures [J]. Research on Chemical Intermediates, 2017, 43 (10): 5413-5432.

[13] WANG P, YU D, ZHANG L D, et al. Evolution mechanism of NO_x in NH_3-SCR reaction

over Fe-ZSM-5 catalyst：Species-performance relationships［J］. Applied Catalysis A：General，2020，607：117806.

［14］LIU Q，CE B，JIN Y F，et al. Influence of calcination temperature on the evolution of Fe species over Fe-SSZ-13 catalyst for the NH_3-SCR of NO［J］. Catalysis Today，2022，388-389：158-167.

［15］JIANG B Q，LIN B L，LI Z G，et al. Mn/TiO_2 catalysts prepared by ultrasonic spray pyrolysis method for NO_x removal in low-temperature SCR reaction［J］. Colloids and Surfaces A：Physicochemical and Engineering Aspects，2020，586：124210.

［16］MU W T，ZHU J，ZHANG S，et al. Novel proposition on mechanism aspects over Fe-Mn/ZSM-5 catalyst for NH_3-SCR of NO_x at low temperature：Rate and direction of multifunctional electron-transfer-bridge and in situ DRIFTS analysis［J］. Catalysis Science and Technology，2016，6（20）：7532-7548.

［17］杨洋，胡准，米荣立，等. Mn 负载量对 $nMnO_x/TiO_2$ 催化剂 NH_3-SCR 催化性能的影响［J］. 分子催化，2020，34（4）：313-325.

［18］ZHANG C A，CHEN T H，LIU H B，et al. Low temperature SCR reaction over nano-structured Fe-Mn oxides：Characterization，performance，and kinetic study［J］. Applied Surface Science，2018，457：1116-1125.

［19］黄秀兵，王鹏，陶进长，等. CeO_2 修饰 Mn-Fe-O 复合材料及其 NH_3-SCR 脱硝催化性能［J］. 无机材料学报，2020，35（5）：573-580.

［20］WANG T，ZHU C Z，LIU H B，et al. Performance of selective catalytic reduction of NO with NH_3 over natural manganese ore catalysts at low temperature［J］. Environmental Technology，2018：39（1/4）：317-326.

［21］ZHU B Z，YIN S L，SUN Y L，et al. Novel natural manganese ore NH_3-SCR catalyst with superior alkaline resistance performance at a low temperature［J］. The Canadian Journal of Chemical Engineering，2018，97（4）：911-916.

［22］李骞. 热处理天然菱铁矿的 NH_3-SCR 研究［D］. 合肥：合肥工业大学，2018.

［23］刘祥祥. 菱铁矿 SCR 脱硝催化剂的改性及成型研究［D］. 南京：东南大学，2018.

［24］卢慧霞. 菱/锰铁矿石低温 SCR 脱硝催化剂的制备及改性研究［D］. 南京：东南大学，2017.

［25］许夏，归柯庭. Mn、W 掺杂菱铁矿催化剂对柴油机尾气 SCR 脱硝性能的影响［J］. 环境工程，2019，37（9）：125-130.

［26］王凯兴，龚志军，靳凯，等. 稀土精矿催化剂对选择性催化还原脱硝性能及表面吸附特性的研究［J］. 稀土，2019，40（6）：57-65.

[27] WANG J, ZHU C, LI B W, et al. Prepare a catalyst consist of rare earth minerals to denitrate via NH_3-SCR [J]. Green Processing and Synthesis, 2020, 9 (1): 191-202.

[28] 朱超，龚志军，靳凯，等. CO气氛下稀土尾矿的催化脱硝特性研究 [J]. 稀有金属与硬质合金，2019，47 (6)：25-32.

[29] 李娜，张舒宁，梅哲跃，等. 稀土尾矿脱硝催化剂的制备及其CO还原NO性能研究 [J]. 稀土，2019，40 (6)：88-95.

[30] 马腾坤，孔晓华，房晶瑞，等. Mn-Ce /TiO_2催化剂载体掺杂非矿材料改性对其脱硝活性的影响 [J]. 环境工程，2019，37 (6)：1-4.

[31] JUNG S M, GRANGE P. Characterization and reactivity of V_2O_5-WO_3 supported on TiO_2-SO_4^{2-} catalyst for the SCR reaction [J]. Applied Catalysis B: Environmental, 2001, 32 (1/2): 123-131.

[32] 何勇，童华，童志权，等. 新型$CuSO_4$-CeO_2/TS催化剂低温NH_3还原NO及抗中毒性能 [J]. 过程工程学报，2009，9 (2)：360-367.

[33] YAO X, WANG Z, YU S, et al. Acid pretreatment effect on the physicochemical property and catalytic performance of CeO_2 for NH_3-SCR [J]. Applied Catalysis A: General, 2017, 542: 282-288.

[34] MA M G, ZHU J F, CAO S W, et al. Hydrothermal synthesis of relatively uniform $CePO_4$ @ $LaPO_4$ one-dimensional nanostructures with highly improved luminescence [J]. Journal of Alloys and Compounds, 2010, 492 (1/2): 559-563.

[35] YOU Y C, SHI C N, CHANG H Z, et al. The promoting effects of amorphous $CePO_4$ species on phosphorus doped CeO_2/TiO_2 catalysts for selective catalytic reduction of NO_x by NH_3 [J]. Molecular Catalysis, 2018, 453: 47-54.

[36] YAO W Y, WANG X Q, LIU Y, et al. Ce-O-P material supported CeO_2 catalysts: A novel catalyst for selective catalytic reduction of NO with NH_3 at low temperature [J]. Applied Surface Science, 2019, 467-468: 439-445.

[37] ZENG Y Q, WANG Y N, ZHANG S L, et al. One-pot synthesis of ceria and cerium phosphate (CeO_2-$CePO_4$) nanorod composites for selective catalytic reduction of NO with NH_3: Active sites and reaction mechanism [J]. Journal of Colloid and Interface Science, 2018, 524: 8-15.

[38] LI F, ZHANG Y B, XIAO D H, et al. Hydrothermal method prepared Ce-P-O catalyst for the selective catalytic reduction of NO with NH_3 in a broad temperature range [J]. Chem Cat Chem, 2010, 2 (11): 1416-1419.

[39] YAO W Y, LIU Y, WANG X Q, et al. The superior performance of sol-gel made Ce-O-P

catalyst for selective catalytic reduction of NO with NH_3 [J]. The Journal of Physical Chemistry C, 2016, 120: 221-229.

[40] GENG Y, XIONG, S, Li B et al. Promotion of $H_3PW_{12}O_{40}$ grafting on NO_x abatement over γ-Fe_2O_3: performance and reaction mechanism [J]. Industrial & Engineering Chemistry Research, 2018, 57: 13661-13670.

[41] REN Z Y, TENG Y F, ZHAO L Y, et al. Keggin-tungstophosphoric acid decorated Fe_2O_3 nanoring as a new catalyst for selective catalytic reduction of NO_x with ammonia [J]. Catalysis Today, 2017, 297: 36-45.

[42] WU R, ZHANG N Q, LIU X J, et al. The Keggin Structure: An important factor in governing NH_3-SCR activity over the V_2O_5-MoO_3/TiO_2 catalyst [J]. Catalysis Letters, 2018, 148 (4): 1-8.

[43] 房娜娜，刘伟，卢宗云，等．机械活化后变质型磷矿粉表面形貌及矿物成分变化研究 [J]. 辽宁农业科学，2016 (3): 15-19.

[44] 侯丽敏，闫笑，乔超越，等．机械力-微波活化对稀土尾矿 NH_3-SCR 脱硝性能的影响 [J]. 化工进展，2021，40 (10): 5818-5828.

[45] 马升峰，孟志军，王振江，等．白云鄂博高品位混合稀土精矿特性分析 [J]. 中国冶金，2021，31 (6): 7-13.

[46] 马莹，李娜，王其伟，等．白云鄂博矿稀土资源的特点及研究开发现状 [J]. 中国稀土学报，2016，34 (6): 641-649.

[47] 白玉泽．富铈稀土矿物表面修饰及其 NH_3-SCR 催化机理研究 [D]. 包头：内蒙古科技大学，2021.

[48] 邢鹏飞，涂赣峰，高浩军，等．独居石稀土精矿加焦煤的高温脱磷研究 [J]. 东北大学学报（自然科学版），2010，31 (4): 531-534.

[49] ZHAO R, TIAN Z C, ZHAO Z W. Effect of calcination temperature on rare earth tailing catalysts for catalytic methane combustion [J]. Green processing and synthesis, 2020, 9 (1): 734-743.

[50] 吴文远，陈杰，孙树臣，等．添加稀土硝酸盐氟碳铈矿的热分解行为 [J]. 东北大学学报（自然科学版），2004，25 (4): 378-380.

[51] THIRUPATHI B, SMIRNIOTIS P G. Co-doping a metal (Cr, Fe, Co, Ni, Cu, Zn, Ce, and Zr) on Mn/TiO_2 catalyst and its effect on the selective reduction of NO with NH_3 at low-temperatures [J]. Applied Catalysis B: Environmental, 2011, 110: 195-206.

[52] LIU J X, LIU J, ZHAO Z, et al. Synthesis of a chabazite-supported copper catalyst with full mesopores for selective catalytic reduction of nitrogen oxides at low temperature [J].

Chinese Journal of Catalysis, 2016, 37 (5): 750-759.

[53] LIU Z M, YI Y, ZHANG S X, et al. Selective catalytic reduction of NO_x with NH_3 over Mn-Ce mixed oxide catalyst at low temperatures [J]. Catalysis Today, 2013, 216: 76-81.

[54] ZHANG L, ZOU W X, MA K L, et al. Sulfated temperature effects on the catalytic activity of CeO_2 in NH_3-Selective catalytic reduction conditions [J]. The Journal of Physical Chemistry C, 2015, 119 (2): 1155-1163.

[55] MA L, LI J H, KE R, et al. Catalytic performance, characterization, and mechanism study of $Fe_2(SO_4)_3/TiO_2$ catalyst for selective catalytic reduction of NO_x by ammonia [J]. The Journal of Physical Chemistry C, 2011, 115 (15): 7603-7612.

[56] 张迎，朱文杰，张黎明，等．氧化铈中氧空位形成、表征及其作用机制研究进展 [J]. 中国稀土学报，2022，40 (1): 14-23.

[57] YANG S J, LI J H, WANG C Z, et al. Fe-Ti spinel for the selective catalytic reduction of NO with NH_3: Mechanism and structure-activity relationship [J]. Applied Catalysis B: Environmental, 2012, 117-118: 73-80.

[58] VALDÉS-SOLÍS T, MARBÁN G, FUERTES A B. Kinetics and mechanism of low-temperature SCR of NO_x with NH_3 over vanadium oxide supported on carbon-ceramic cellular monoliths [J]. Industrial & Engineering Chemistry Research, 2004, 43 (10): 2349-2355.

[59] ZHAO K, HAN W L, LU G X, et al. Promotion of redox and stability features of doped Ce-W-Ti for NH_3-SCR reaction over a wide temperature range [J]. Applied Surface Science, 2016, 379: 316-322.

[60] ZHANG X J, WANG J K, SONG Z X, et al. Promotion of surface acidity and surface species of doped Fe and SO_4^{2-} over CeO_2 catalytic for NH_3-SCR reaction [J]. Molecular Catalysis, 2019, 463: 1-7.

[61] MA C Y, TANG F, CHEN J D, et al. Spectral, energy resolution properties and green-yellow LEDs applications of transparent Ce^{3+}: $Lu_3Al_5O_{12}$ ceramics [J]. Journal of the European Ceramic Society, 2016, 36 (16): 4205-4213.

[62] ERNESTO P. On the curve-fitting of XPS Ce(3d) spectra of cerium oxides [J]. Materials Research Bulletin, 2011, 46 (2): 323-326.

[63] LIN X M, MA Y W, WANG Y, et al. Lithium iron phosphate ($LiFePO_4$) as an effective activator for degradation of organic dyes in water in the presence of persulfate [J]. RSC Advances, 2015, 5 (115): 94694-94701.

[64] ZENG Y Q, SONG W, WANG Y N, et al. Novel Fe-doped $CePO_4$ catalyst for selective catalytic reduction of NO with NH_3: The role of Fe^{3+} ions [J]. Journal of Hazardous Materials, 2020, 383: 121212.

[65] NGUYEN X S, ZHANG G K, YANG X F. Mesocrystalline Zn-doped Fe_3O_4 hollow submicrospheres: Formation mechanism and enhanced photo-fenton catalytic performance [J]. ACS Applied Materials & Interfaces, 2017, 9 (10): 8900-8909.

[66] CHEN L, LI J H, GE M F. The poisoning effect of alkali metals doping over nano V_2O_5-WO_3/TiO_2 catalysts on selective catalytic reduction of NO_x by NH_3 [J]. Chemical Engineering Journal, 2011 (170): 531-537.

[67] LIU F D, HE H, ZHANG C B, et al. Selective catalytic reduction of NO with NH_3 over iron titanate catalyst: Catalytic performance and characterization [J]. Applied Catalysis B: Environmental, 2010, 96 (3): 408-420.

[68] 白心蕊，林嘉威，陈泽东，等．球磨和弱磁选处理对白云鄂博稀土尾矿脱硝性能的影响 [J]. 中国稀土学报，2022，40 (2)：225-234.

[69] KEFIROV R, PENKOVA A, HADJIIVANOV K, et al. Stabilization of Cu^+ ions in BEA zeolite: Study by FTIR spectroscopy of adsorbed CO and TPR [J]. Microporous and Mesoporous Materials, 2008(116): 180-187.

[70] 程江浩，苏亚欣，睿林，等．Cu 改性 Fe/Al-PILC 催化剂的 SCR-C_3H_6脱硝特性实验研究 [J]. 燃料化学学报，2019，47 (7)：823-833.

[71] JIN Y M, DATYE A K. Phase Transformations in iron fischer-tropsch catalysts during temperature-programmed reduction [J]. Journal of Catalysis, 2000, 196 (1): 8-17.

[72] 赵爽，黄黎明，江博琼，等．分子筛负载 Cu-Mn 双金属柴油机尾气脱硝催化剂的稳定性 [J]. 催化学报，2018，39 (4)：800-809.

[73] 朱智慧，杨占峰，王其伟，等．白云鄂博稀土精矿工艺矿物学研究 [J]. 有色金属 (选矿部分)，2019 (6)：1-4，22.

[74] YAO G H, WEI Y L, GUI K T, et al. Catalytic performance and reaction mechanisms of NO removal with NH_3 at low and medium temperatures on Mn-W-Sb modified siderite catalysts [J]. Journal of Environmental Sciences, 2022, 115: 126-139.

[75] 张信莉，王栋，彭建升，等．煅烧温度对 Mn 改性 γ-Fe_2O_3 催化剂结构及低温 SCR 脱硝活性的影响 [J]. 燃料化学学报，2015，43 (2)：243-250.

[76] 马玲玲，秦志宏，张露，等．煤有机硫分析中 XPS 分峰拟合方法及参数设置[J]. 燃料化学学报，2014，42 (3)：277-283.

[77] ZHU J, GAO F, DONG L H, et al. Studies on surface structure of $M_xO_y/MoO_3/CeO_2$

system (M=Ni, Cu, Fe) and its influence on SCR of NO by NH_3 [J]. Applied Catalysis B: Environmental, 2010 (95): 144-152.

[78] PAPARAZZO E. On the curve-fitting of XPS Ce (3d) spectra of cerium oxides [J]. Materials Research Bulletin, 2011, 46 (2): 323-326.

[79] JIANG L J, LIU Q C, ZHAO Q, et al. Promotional effect of Ce on the SCR of NO with NH_3 at low temperature over MnO_x supported by nitric acid-modified activated carbon [J]. Research on Chemical Intermediates, 2018, 44 (3): 1729-1744.

[80] WANG X B, DUAN R B, LIU W, et al. The insight into the role of CeO_2 in improving low-temperature catalytic performance and SO_2 tolerance of $MnCoCeO_x$ microflowers for the NH_3-SCR of NO_x [J]. Applied Surface Science, 2020, 510: 145517.

[81] WU R, LI L C, ZHANG N Q, et al. Enhancement of low-temperature NH_3-SCR catalytic activity and H_2O & SO_2 resistance over commercial V_2O_5-MoO_3/TiO_2 catalyst by high shear-induced doping of expanded graphite [J]. Catalysis Today, 2021, 376: 302-310.

[82] CAO F, SU S, XIANG J, et al. The activity and mechanism study of Fe-Mn-Ce/γ-Al_2O_3 catalyst for low temperature selective catalytic reduction of NO with NH_3 [J]. Fuel, 2015, 139: 232-239.

[83] KANG K K, YAO X J, CAO J, et al. Enhancing the K resistance of $CeTiO_x$ catalyst in NH_3-SCR reaction by CuO modification [J]. Journal of Hazardous Materials, 2021, 402: 123551.

[84] WANG L, RAN R, WU X D, et al. In situ DRIFTS study of NO_x adsorption behavior on Ba/CeO_2 catalysts [J]. Journal of Rare Earths, 2013, 31 (11): 1074-1080.

[85] YAN Z, QU Y X, LIU LL, et al. Promotional effect of rare earth-doped manganese oxides supported on activated semi-coke for selective catalytic reduction of NO with NH_3 [J]. Environmental science and pollution research international, 2017, 24 (31): 1-12.

[86] 屈隆. 锰铈改性复合金属氧化物催化剂脱除烟气中NO的研究 [D]. 长沙: 湖南大学, 2014.

[87] ZHANG Z P, CHEN L Q, LI Z B, et al. Activity and SO_2 resistance of amorphous Ce_aTiO_x catalysts for the selective catalytic reduction of NO with NH_3: in situ DRIFT studies [J]. Catalysis Science and Technology, 2016, 6 (19): 7151-7162.

[88] QI G, YANG R T. Characterization and FTIR studies of MnO_x-CeO_2 catalyst for low-temperature selective catalytic reduction of NO with NH_3 [J]. The Journal of Physical Chemistry B, 2004, 108 (40): 15738-15747.

[89] 廖永进，张亚平，余岳溪，等. $MnO_x/WO_3/TiO_2$ 低温选择性催化还原 NO_x 机理的原

位红外研究［J］. 化工学报，2016，67（12）：5033-5037.

［90］LU W，CUI S P，GUO H X，et al. The mechanism of the deactivation of MnO_x/TiO_2 catalyst for low-temperature SCR of NO［J］. Applied Surface Science，2019，483：391-398.

［91］ZHANG L，SUN J F，XIONG Y，et al. Catalytic performance of highly dispersed WO_3 loaded on CeO_2 in the selective catalytic reduction of NO by NH_3［J］. Chinese Journal of Catalysis，2017（38）：1749-1758.

［92］YAO X J，CHEN L，CAO J，et al. Enhancing the de-NO_x performance of MnO_x/CeO_2-ZrO_2 nanorod catalyst for low-temperature NH_3-SCR by TiO_2 modification［J］. Chemical Engineering Journal，2019，369：46-56.

［93］CHEN L，LI J H，GE M F，et al. Mechanism of selective catalytic reduction of NO_x with NH_3 over CeO_2-WO_3 catalysts［J］. Chinese Journal of Catalysis，2010，44（5）：836-841.

［94］杨瀚. 铁铈复合催化剂低温 SCR 脱硝性能、碱金属中毒机理及成型制备研究［D］. 南京：东南大学，2016.

［95］PENA D，UPHADE B，REDDY E，et al. Identification of surface species on titania-supported manganese，chromium，and copper oxide low-temperature SCR catalysts［J］. The Journal of Physical Chemistry B，2004，108：9927-9936.

［96］ZHANG L，SHI L，HUANG L，et al. Rational design of high-performance de-NO_x catalysts based on MnO_x Co_{3-x} O_4 nanocages derive from metal-organic frameworks［J］. ACS Catalysis，2014，4（6）：1753-1763.

［97］张亚平，汪小蕾，孙克勤，等. WO_3 对 MnO_x/TiO_2 低温脱硝 SCR 催化剂的改性研究［J］. 燃料化学学报，2011，39（10）：782-786.

［98］MENG D M，ZHAN W C，GUO Y，et al. A highly effective catalyst of Sm-MnO_x for the NH_3SCR of NO_x at low temperature：Promotional role of Sm and its catalytic performance［J］. ACS Catalysis，2015，5：5973-5983.

［99］YANG S J，WANG C Z，LI J H，et al. Low temperature selective catalytic reduction of NO with NH_3 over Mn-Fe spinel：performance，mechanism and kinetic study［J］. Applied Catalysis B：Environmental，2011，110：71-80.

［100］LIU C X，CHEN L，LI J H，et al. Enhancement of Activity and Sulfur Resistance of CeO_2 Supported on TiO_2-SiO_2 for the Selective Catalytic Reduction of NO by NH_3［J］. Environmental Science and Technology，2012，46：6182-6189.

［101］SHI Y，YI H，GAO F，et al. Evolution mechanism of transition metal in NH_3-SCR reaction over Mn-based bimetallic oxide catalysts: Structure-activity relationships [J]. Journal of Hazardous Materials, 2021, 413: 125-361.

[102] MENG B, ZHAO Z B, WANG X Z, et al. Selective catalytic reduction of nitrogen oxides by ammonia over Co_3O_4 nanocrystals with different shapes [J]. Applied Catalysis B: Environmental, 2013, 129: 491-500.

[103] ZENG Y Q, WANG T X, ZHANG S L, et al. Sol-gel synthesis of CuO-TiO_2 catalyst with high dispersion CuO species for selective catalytic oxidation of NO [J]. Applied Surface Science, 2017, 411 (31): 227-234.

[104] LIU F D, HE H, DING Y, et al. Effect of manganese substitution on the structure and activity of iron titanate catalyst for the selective catalytic reduction of NO with NH_3 [J]. Applied Catalysis B: Environmental, 2009, 93: 194-204.

[105] ZHANG Y, JOSE A A, ADAM S B, et al. Re-evaluation of experimental measurements for the validation of electronic band structure calculations for $LiFePO_4$ and $FePO_4$ [J]. RSC Advances, 2019, 9: 1134-1146.

[106] LI K Z, HANEDA M, OZAWA M. Oxygen release-absorption properties and structural stability of $Ce_{0.8}Fe_{0.2}O_{2-x}$ [J]. Journal of Materials Science, 2013, 48 (17): 5733-5743.

[107] ZHANG K, WANG J J, GUAN P F, et al. Low-temperature NH_3-SCR catalytic characteristic of Ce-Fe solid solutions based on rare earth concentrate [J]. Materials Research Bulletin, 2020, 128: 110-871.

[108] CHANG H Z, LI J H, CHEN X Y, et al. Effect of Sn on MnO_x-CeO_2 catalyst for SCR of NO_x by ammonia: Enhancement of activity and remarkable resistance to SO_2 [J]. Catalysis Communication, 2012, 27: 54-57.

[109] YAO X J, MA K L, ZOU W X, et al. Influence of preparation methods on the physicochemical properties and catalytic performance of MnO_x-CeO_2 catalysts for NH_3-SCR at low-temperature [J]. Chinese Journal of Catalysis, 2017, 38 (1): 146-159.

[110] QI G S, YANG R T, CHANG R. MnO_x-CeO_2 mixed oxides prepared by co-precipitation for selective catalytic reduction of NO with NH_3 at low temperatures [J]. Applied Catalysis B: Environmental, 2004, 51 (2): 93-106.

[111] 陈亮，李俊华，葛茂发，等. CeO_2-WO_3 复合氧化物催化剂的 NH_3-SCR 反应机理 [J]. 催化学报，2011，32 (5)：836-841.

[112] SUN C, LIU H, CHEN W, et al. Insights into the Sm/Zr co-doping effects on N_2 selectivity and SO_2 resistance of a MnO_x-TiO_2 catalyst for the NH_3-SCR reaction [J].

Chemical Engineering, 2018, 347: 27-40.

[113] LIU Z M, ZHU J Z, LI J H, et al. Novel Mn-Ce-Ti mixed-oxide catalyst for the selective catalytic reduction of NO_x with NH_3 [J]. ACS Applied Materials & Interfaces, 2014, 6 (16): 14500-14508.

[114] 付玉秀，仲雪梅，常化振，等．铈钴复合氧化物催化剂催化 CO-SCR 反应机理研究 [J]. 中国环境科学，2018，38 (8)：2934-2940.

[115] YOU X C, SHENG Z Y, YU D Q, et al. Influence of Mn/Ce ratio on the physicochemical properties and catalytic performance of graphene supported MnO_x-CeO_2 oxides for NH_3-SCR at low temperature [J]. Applied Surface Science, 2017, 423: 845-854.

[116] PENG Y, WANG D, LI B, et al. Impacts of Pb and SO_2 poisoning on CeO_2-WO_3/TiO_2-SiO_2 SCR catalyst [J]. Environmental Science Technology, 2017, 51: 11943-11949.

[117] ZHANG D S, ZHANG L, SHI L Y, et al. In situ supported MnO_x-CeO_x on carbon nanotubes for the low-temperature selective catalytic reduction of NO with NH_3 [J]. Nanoscale, 2013, 5: 1127-1136.

[118] XIONG Y, TANG C J, YAO X J, et al. Effect of metal ions doping (M = Ti^{4+}, Sn^{4+}) on the catalytic performance of MnO_x/CeO_2 catalyst for low temperature selective catalytic reduction of NO with NH_3 [J]. Applied Catalysis A: General, 2015, 495: 206-216.

[119] YAO X J, KONG T T, CHEN L, et al. Enhanced low-temperature NH_3-SCR performance of MnO_x/CeO_2 catalysts by optimal solvent effect [J]. Applied Surface Science, 2017, 420: 407-415.

[120] WANG X M, LI X Y, ZHAO Q D, et al. Improved activity of W modified M-TiO_2 catalysts for the selective catalytic reduction of NO with NH_3 [J]. Chemical Engineering Journal, 2016, 288: 216-222.

[121] SONG L, ZHANG R, ZANG S, et al. Activity of selective catalytic reduction of NO over V_2O_5/TiO_2 catalysts preferentially exposed anatase 001 and 101 facets [J]. Catalysis Letters, 2017, 147: 934-945.

[122] CAO F, SU S, XIANG J, et al, The activity and mechanism study of Fe-Mn-Ce/γ-Al_2O_3 catalyst for low temperature selective catalytic reduction of NO with NH_3 [J]. Fuel, 2015, 139: 232-239.

[123] ZHU L, ZENG Y Q, ZHANG S L, et al. Effects of synthesis methods on catalytic activities of CoO_x-TiO_2 for low-temperature NH_3-SCR of NO [J]. Journal of Environmental Sciences, 2017 (54): 277-287.

[124] PUTLURU S S R, SCHILL L, JENSEN A D, et al. Mn/TiO_2 and Mn-Fe/TiO_2 catalysts

synthesized by deposition precipitation-promising for selective catalytic reduction of NO with NH_3 at low temperatures [J]. Applied Catalysis B: Environmental, 2015, 165: 628-635.

[125] 郑爽，王佑安，王震宇．中国煤矿甲烷向大气排放量 [J]. 煤矿安全，2005 (2): 29-33.

[126] 米奇·比迪．回收甲烷——煤炭的绿色未来 [J]. 资源与人居环境，2008 (9): 38-40.

[127] 江昌民．我国煤矿瓦斯开发利用的现状及问题分析 [J]. 煤矿现代化，2008 (3): 9-10.

[128] 黄盛初，刘文革，赵国泉．中国煤层气开发利用现状及发展趋势 [J]. 中国煤炭，2009，35 (1): 5-10.

[129] 朱玫，田洪海．大气甲烷的源和汇 [J]. 环境保护科学，1996 (2): 5-9.

[130] SALOMONS S, HAYES R E, POIRIER et al. Flow reversal reactor for the catalytic combustion of lean methane mixtures [J]. Catalysis Today, 2003, 83 (1): 59-69.

[131] 周继军，彭伟功．氮氧化物的生成机理及控制技术 [J]. 内江科技，2006 (6): 127-128.

[132] 金建辉．Ce 基整体催化剂的制备及其甲烷贫氧催化燃烧性能研究 [D]. 大连：大连理工大学，2017.

[133] 李朋，肖亚昆，莫勇，等．页岩气开采对环境的影响及规避方法探讨 [J]. 中国环境管理干部学院学报，2015，25 (3): 70-73.

[134] 雷力，周兴龙，李家毓，等．我国矿山尾矿资源综合利用现状与思考 [J]. 矿业快报，2008 (9): 5-8.

[135] 郑强，边雪，吴文远．白云鄂博稀土尾矿的工艺矿物学研究 [J]. 东北大学学报(自然科学版)，2017，38 (8): 1107-1111.

[136] 魏光普，高耀辉，王丽云，等．内蒙古稀土尾矿库植物生态景观设计研究 [C]// 第十七次建筑与文化国际讨论会论文集，2018.

[137] 程建忠，侯运炳，车丽萍．白云鄂博矿床稀土资源的合理开发及综合利用 [J]. 稀土，2007 (1): 70-74.

[138] OLAJOSSY A, GAWDZIK A, BUDNER Z, et al. Methane Separation from Coal Mine Methane Gas by Vacuum Pressure Swing Adsorption [J]. Chemical Engineering Research and Design, 2003, 81 (4): 474-482.

[139] 高月明，于庆君，易红宏，等．Cu-ZSM-5 对燃气烟气中 NO 的吸附特性 [J]. 中国环境科学，2016，36 (8): 2275-2281.

[140] 胡强，熊志波，白鹏，等．铈钛掺杂促进铁氧化物低温 SCR 脱硝性能的机理[J]. 中国环境科学，2016，36（8）：2304-2310.

[141] 黄海凤，张细雄，豆闵，等．氧化物载体对 Ni-V 催化剂催化燃烧二氯甲烷的影响[J]. 中国环境科学，2016，36（11）：3273-3279.

[142] 陈玉娟．低浓度甲烷催化燃烧 Cu 基催化剂的制备及其性能研究［D］. 太原：太原理工大学，2014.

[143] 陈明，王新，焦文玲，等．甲烷催化燃烧机理及催化剂研究进展［J］. 煤气与热力，2010，30（11）：34-37.

[144] 范超，罗莉，吴志伟，等．整体式 Pd/ZSM-5/Cordierite 催化剂的制备及其低浓度甲烷燃烧催化性能［J］. 陕西师范大学学报（自然科学版），2019，47（1）：94-100.

[145] SEKIZAWA K，WIDJAJA H，MAEDA S，et al. Low temperature oxidation of methane over Pd catalyst supported on metal oxides［J］. Catalysis Today，2000，59（1）：69-74.

[146] 梁文俊，石秀娟，邓葳，等. Pd-Ce/Al_2O_3 催化剂用于低浓度甲烷催化燃烧［J］. 中国环境科学，2017，37（7）：2520-2526.

[147] XU P，WU Z X，DENG J G，et al. Catalytic performance enhancement by alloying Pd with Pt on ordered mesoporous manganese oxide for methane combustion［J］. Chinese Journal of Catalysis，2017，38（1）：92-105.

[148] 李默君．低浓度甲烷催化燃烧泡沫碳化硅整体式催化剂制备及本征动力学研究[D]. 北京：北京化工大学，2013.

[149] 张鑫，陈耀强，史忠华，等．过渡金属氧化物催化剂上甲烷催化燃烧的研究［J］. 化学研究与应用，2002（3）：352-354.

[150] 崔梅生，杨东，何柱生，等．氧化铈负载 CuO 催化材料对甲烷燃烧的催化作用[J]. 中国稀土学报，2004（5）：605-608.

[151] 苑兴洲．过渡金属铬基催化剂的制备及其甲烷催化燃烧性能的研究［D］. 大连：大连理工大学，2015.

[152] 龙军，邵潜，贺振富，等．规整结构催化剂及反应器研究进展［J］. 化工进展，2004（9）：925-932.

[153] 高陇桥．蜂窝陶瓷的应用和进展［J］. 真空电子技术，2003（3）：70-71.

[154] HUANG B，HUANG R，JIN D，et al. Low temperature SCR of NO with NH_3 over carbon nanotubes supported vanadium oxides［J］. Catalysis Today，2007，126（3/4）：279-283.

[155] HUANG X, LI X G, LI H, et al. High-performance HZSM-5/cordierite monolithic catalyst for methanol to propylene reaction: A combined experimental and modelling study [J]. Fuel Processing Technology, 2017, 159: 168-177.

[156] PALMA V, MICCIO M, RICCA A, et al. Monolithic catalysts for methane steam reforming intensification: Experimental and numerical investigations [J]. Fuel, 2014, 138: 80-90.

[157] 骆潮明. 泡沫金属基整体式催化剂性能及其甲烷催化燃烧特性的实验研究 [D]. 北京: 北京工业大学, 2016.

[158] LIU Y Z, LUO Y, CHU G W, et al. Monolithic catalysts with Pd deposited on a structured nickel foam packing [J]. Catalysis Today, 2016, 273: 34-40.

[159] HAN L, WANG Y, ZHANG J, et al. Acidic montmorillonite/cordierite monolithic catalysts for cleavage of cumene hydroperoxide [J]. Chinese Journal of Chemical Engineering, 2014, 22 (8): 854-860.

[160] ZHAO K, HAN W, TANG Z, et al. Investigation of coating technology and catalytic performance over monolithic V_2O_5-WO_3/TiO_2 catalyst for selective catalytic reduction of NO_x with NH_3 [J]. Colloids and Surfaces A: Physicochemical and Engineering Aspects, 2016, 503: 53-60.

[161] CHONG S, ZHANG G M, ZHANG N, et al. Preparation of $FeCeO_x$ by ultrasonic impregnation method for heterogeneous Fenton degradation of diclofenac [J]. Ultrasonics sonochemistry, 2016, 32: 231-240.

[162] 王蕾. 以白云鄂博稀土尾矿为原料制备稀土基掺杂型复合氧化物催化材料的研究 [D]. 呼和浩特: 内蒙古大学, 2017.

[163] MUELLER M A, SCHWEIZER D, SEILER V. Wealth effects of rare earth prices and China's rare earth elements policy [J]. Journal of Business Ethics, 2016, 138 (4): 627-648.

[164] 张悦. 白云鄂博稀土尾矿多组分综合回收工艺及耦合关系研究 [D]. 北京: 北京科技大学, 2016.

[165] 李娜, 杜少杰, 赵蕾, 等. 包钢稀土尾矿对活性炭还原NO的影响 [J]. 科学技术与工程, 2017, 17 (29): 281-284.

[166] LIU J, DONG Y C, DONG X F, et al. Feasible recycling of industrial waste coal fly ash for preparation of anorthite-cordierite based porous ceramic membrane supports with addition of dolomite [J]. Journal of the European Ceramic Society, 2016, 36 (4): 1059-1071.

[167] LI S H, DU H Y, GUO A R, et al. Preparation of self-reinforcement of porous mullite ceramics through in situ synthesis of mullite whisker in flyashbody [J]. Ceramics International, 2011, 38 (2): 1027-1032.

[168] LIU T Y, TANG Y, HAN L, et al. Recycling of harmful waste lead-zinc mine tailings and fly ash for preparation of inorganic porous ceramics [J]. Ceramics International, 2016, 43 (6): 4910-4918.

[169] 赵威，张国春，周春生，等．商洛钼尾矿制备泡沫陶瓷的研究 [J]. 人工晶体学报，2017，46 (3)：475-479.

[170] 王博，兰阳，朱孝钦，等．铝土矿尾矿多孔陶瓷的制备研究 [J]. 化工矿物与加工，2019，48 (3)：65-68.

[171] 李悦．利用铝矾土尾矿制备过滤用多孔陶瓷 [J]. 轻金属，2016 (3)：9-12.

[172] DOMÍNGUEZ M I, CARPENA J, BORSCHNEK D, et al. Apatite and Portland/apatite composite cements obtained using a hydrothermal method for retaining heavy metals [J]. Journal of Hazardous Materials, 2007, 150 (1): 99-108.

[173] 王越，张佳瑾，李敏，等．铜锰负载型堇青石整体催化剂表面低浓度甲烷催化燃烧本征动力学研究 [J]. 北京化工大学学报（自然科学版），2011，38 (6)：1-4.

[174] 张世荣，李红卫，马秀芳．高品位氟碳铈矿焙烧分解过程的研究 [J]. 广东有色金属学报，1997 (2)：113-116.

[175] MATSUMURA A, NAMIKAWA T, TERAI H, et al. Influence of the cerium precursor on the physico-chemical features and NO to NO_2, oxidation activity of ceria and ceria-zirconia catalysts [J]. Journal of Molecular Catalysis A Chemical, 2010, 323 (1): 52-58.

[176] 董晋琨，杨眉，吴志远，等．系统矿物学数据特征分析及数据库建设 [J]. 吉林大学学报（地球科学版），2019，49 (3)：728-737.

[177] SUN S C, WU Z Y, GAO B, et al. Effect of CaO on fluorine in the decomposition of $REFCO_3$ [J]. Journal of Rare Earths, 2007, 25 (4): 508-511.

[178] HUANG T J, YU T C, CHANG S H. Effect of calcination atmosphere on CuO/γ-Al_2O_3 catalyst for carbon monoxide oxidation [J]. Applied Catalysis, 1989, 52 (1): 157-163.

[179] Li J, LIANG X, XU S, et al. Catalytic performance of manganese cobalt oxides on methane combustion at low temperature [J]. Applied Catalysis B: Environmental, 2009, 90 (1): 307-312.

[180] DAMYANOVA S, PEREZ C A, SCHMAL M, et al. Characterization of ceria-coated alumina carrier [J]. Applied Catalysis A General, 2002, 234 (1/2): 271-282.

[181] MURUGAN B, RAMASWAMY A V. Chemical States and Redox Properties of Mn/CeO_2-TiO_2 Nanocomposites Prepared by Solution Combustion Route [J]. Journal of Physical Chemistry C, 2008, 112 (51): 20429-20442.

[182] 朱笑青，王中刚，黄艳，等，磷灰石的稀土组成及其示踪意义 [J]. 稀土，2004, 25 (5): 41-45.

[183] ZHU P F, LI J, ZUO S F, et al. Preferential oxidation properties of CO in excess hydrogen over CuO-CeO_2 catalyst prepared by hydrothermal method [J]. Applied Surface Science, 2008, 255 (5): 2903-2909.

[184] DELIMARIS D, LOANNIDERS T. VOC oxidation over CuO-CeO_2 catalysts prepared by a combustion method [J]. Applied Catalysis B-Environmental, 2009, 89 (1/2): 295-302.

[185] WANG S P, ZHANG T Y, SU Y, et al. An investigation of catalytic activity for CO oxidation of CuO/$Ce_x Zr_{1-x}O_2$ catalysts [J]. Catalysis Letters, 2008, 121 (1/2): 70-76.

[186] GAMARRA D, MARTÍNEZ-ARIAS A. Preferential oxidation of CO in rich H_2 over CuO/CeO_2: Operando-DRIFTS analysis of deactivating effect of CO_2 and H_2O [J]. Journal of Catalysis, 2009, 263 (1): 189-195.

[187] WANG F, BUCHEL R, SAVITSKY A, et al. In situ EPR study of the redox properties of CuO-CeO_2 catalysts for preferential CO oxidation (PROX) [J]. ACS Catalysis, 2016, 6 (6): 3520-3530.

[188] YAMASHITA T, HAYES P. Analysis of XPS spectra of Fe^{2+} and Fe^{3+} ions in oxide materials [J]. Applied Surface Science, 2008, 254 (8): 2441-2449.